畜禽养殖 与 疫病防控

刘文军 李 晶 蒋勇军 编

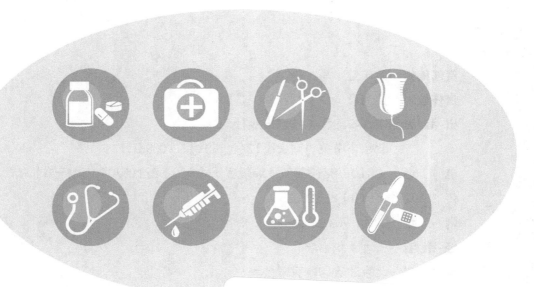

 中国农业科学技术出版社

图书在版编目（CIP）数据

畜禽养殖与疫病防控 / 刘文军, 李晶, 蒋勇军编. —
北京：中国农业科学技术出版社, 2020.6

ISBN 978-7-5116-4725-2

Ⅰ. ①畜… Ⅱ. ①刘… ②李… ③蒋… Ⅲ. ①畜禽—
饲养管理②畜禽—动物疾病—防治 Ⅳ. ①S815②S858

中国版本图书馆CIP数据核字(2020)第075116号

责任编辑	闫庆健　马维玲
责任校对	贾海霞
出 版 者	中国农业科学技术出版社
	北京市中关村南大街12号　邮编：100081
电　　话	（010）82106632（编辑室）（010）82109704（发行部）
传　　真	（010）82106625
网　　址	http://www.castp.cn
经 销 者	各地新华书店
印 刷 者	北京建宏印刷有限公司
开　　本	787 mm×1092 mm　1/16
印　　张	9.75
字　　数	175千字
版　　次	2020年6月第1版　　2020年6月第1次印刷
定　　价	48.00元

前　言

随着现代畜牧业的不断发展，我国畜禽养殖业已经走上规模化、产业化的道路，畜牧业已成为增加农民收入的支柱产业之一。目前，畜禽养殖业还存在养殖方法不科学、疫病防治落后、良种普及率低等问题，在一定程度上制约了畜牧业的发展。针对这些问题要制定完善的解决措施，实现畜禽养殖技术的科学推广，将畜禽养殖技术的优势发挥出来，促进畜牧业的健康发展。

本书瞄准畜牧业科技前沿，筛选、推广适合当地的主导品种和主推技术，以便于畜禽养殖生产者掌握主要畜禽安全、高效生产技术。全书立足理论指导实践，既吸取了当前主要畜禽养殖科研最新成果，又介绍了有关实用技术和生产经验，是一本集理论性、实践性、指导性为一体的生产实践用书，旨在为广大基层农业科技工作者和直接从事畜禽养殖的广大农民提供一本通俗易懂、易应用、便于操作的畜禽生产科学知识和技术指导用书。真诚希望本书能够帮助畜禽养殖相关工作者学习新知识、运用新技术、汲取新营养，为我国畜禽养殖业发展奉献力量。

本书从畜禽养殖技术的发展现状出发，本着科学性、先进性、通俗性、适用性、可操作性的原则，从畜禽的品种、养殖场建设、饲料配置与加工、饲养管理等几个方面，分别对生猪、肉牛、肉羊和肉鸡养殖管理实用技术进行了介绍；从发病原因、疫病症状、治疗措施等几个方面对畜禽疫病防控技术进行了介绍。本书可作为广大农民群众发展畜禽养殖的实用技术参考用书，同时也适合基层干部和专业技术人员在指导畜禽养殖生产时使用。

由于编者水平有限，书中难免存在疏漏和不妥之处，恳请专家和广大读者批评指正。

编　者

2019年11月

目录

目 录

第一章　生猪养殖管理实用技术

第一节 种猪繁育技术

一、主推品种

（一）杜洛克猪

杜洛克猪原产于美国的东北部，由不同的红色猪种组成基础群，其中纽约的红毛杜洛克猪和新泽西州的泽西红毛猪对该品种的育成贡献最大。杜洛克猪适应性强，对饲料要求低，喜食青绿饲料，耐低温，但对高温的耐力较差。

1.外貌特征

杜洛克猪全身被棕红色毛、结构匀称紧凑、四肢粗壮、体躯深广、肌肉发达，属于瘦肉型品种。

2.生产性能

（1）繁殖性能。母猪初情期170～200日龄，适宜配种日龄220～240天，体重120千克以上。母猪总产仔数，初产8头以上，经产9头以上；21日龄窝重，初产35千克以上，经产40千克以上。

（2）生长发育。达100千克体重的日龄169天以下，饲料转化率2.2～2.6。

（3）酮体品质。100千克体重屠宰时，屠宰率74%左右，背膘厚18毫米以下，眼肌面积42平方厘米以上，后腿比例32%，胴体瘦肉率63%以上。肉质优良，无灰白、柔软、渗水、暗黑、干硬等劣质肉。

3.杂交利用

杜洛克猪具有增重快，饲料报酬高，酮体品质好、眼肌面积大、瘦肉率高等优点，但是繁殖性能较差。故在杂交使用时，经常作为父本。

（二）大约克夏猪

大约克夏猪又称大白猪，原产于英国，是我国最早从国外引进的优良猪种之一。其优点是瘦肉率高，肢体健壮，母性较好，泌乳性能好，生育能力较强。

1.外貌特征

体型大，成年体重公猪可达400千克左右，母猪可达300千克左右；全身皮毛白色，偶有少量暗黑斑点，头大小适中，鼻面直或微凹，耳竖立，背腰平直；肢体健壮、前胛宽、背阔、后躯丰满；平均乳头数7对；呈长方形体型。

2.生产性能

（1）繁殖性能。母猪初情期165～195日龄，适宜配种日龄220～240日龄，体重120千克以上。母猪总产仔数初产9头以上，经产10头以上；21日龄窝重初产43千克以上，经产45千克以上。

（2）生长发育。达100千克体重日龄150天以下，饲料转化率2.5以下。

（3）胴体品质。100千克体重屠宰时，屠宰率74%左右，眼肌面积40～47平方厘米，后腿比例32%以上，胴体背膘厚13毫米以下，酮体瘦肉率65%以上。肉质优良，无灰白、柔软、渗水、暗黑、干硬等劣质肉。

3.杂交利用

大约克夏猪常用作母本，通常利用的杂交方式是杜×长×大或杜×大×长，即用长白公（母）猪与大约克夏母（公）猪杂交生产二元母猪，再用杜洛克公猪（终端父本）杂交生产商品猪。大约克夏猪在与本地猪进行杂交生产时常作父本。

（三）长白猪

长白猪原产于丹麦，是世界著名的瘦肉型猪种。长白猪优点是产仔数多，生长发育快，省饲料，胴体瘦肉率高等；但抗逆性差，对饲料营养要求较高。我国1964年开始从瑞典第一批引进，目前我国饲养较广泛的有新美系、英系、法系和丹系等品系。

1.外貌特征

长白猪体躯长，被毛白色，偶有少量暗黑斑点；头小颈轻，鼻嘴狭长，耳较大向前倾或下垂；背腰平直，后躯发达，腿臀丰满，整体呈前轻后重，外观清秀美观，体质结实，四肢坚实。

2.生产性能

（1）繁殖性能。母猪初情期170～200日龄，适宜配种日龄230～250天，体重120千克以上。母猪总产仔数初产9头以上，经产10头以上；21日龄窝重初产43千克以上，经产45千克以上。

（2）生长发育。达100千克体重日龄为160天以下，生长育肥期日增重900

克左右，饲料转化率2.5以下。

（3）胴体品质。100千克体重屠宰时，屠宰率74%左右，眼肌面积40~47平方厘米，后腿比例32%以上。胴体背膘厚18毫米以下，胴体瘦肉率65%以上，肉质优良，无灰白、柔软、渗水、暗黑、干硬等劣质肉。

3.杂交利用

常用长白猪作为三元杂交（杜、长、大）猪的第一父本或第一母本。在现有的长白猪各系中，新美系、新丹系的杂交后代生长速度快、饲料报酬高，比利时系后代体型较好，瘦肉率高。法系做第一母本的杂交后代繁殖性能较好。

二、种猪生产性能测定

性能测定是猪育种的基础，是按测定方案将种猪置于相对一致的标准条件下对目标性状进行度量的全过程。广义地讲，性能测定还应包括测定信息及测定结果的使用，如根据测定结果按标准进行评估、分级及良种登记等。其目的在于：一是为家畜个体遗传评定提供信息；二是为估计群体遗传参数提供信息；三是为评价猪群的生产水平提供信息；四是为猪场的经营管理提供信息；五是为评价不同的杂交组合提供信息。

生产性能测定是家畜育种中最基本的工作，它是其他一切育种工作的基础，没有性能测定就无从获得上述各项工作所需要的各种信息，家畜育种就变得毫无意义。而如果性能测定不是严格按照科学、系统、规范化规程去实施，所得到的信息的全面性和可靠性就无从保证，其价值就大打折扣，进而影响其他育种工作的效率，有时甚至会对其他育种工作产生误导。因此，世界各国，尤其是养猪业发达的国家，都十分重视生产性能测定工作，并逐渐形成了科学、系统、规范化的性能测定系统。我国的猪育种工作的总体水平与世界发达国家相比有较大差距，造成这种差距的主要原因之一就是缺乏严格、科学和规范的生产性能测定，它严重影响了其他育种工作的开展和效率，因而需要格外引起重视。

根据测定方式的不同，种猪生产性能测定分为中心测定与场内测定，场内测定是在本场内进行种猪性能的测定和记录，然后评估结果供本场遗传改良服务。主要用于：育种场种公猪和后备母猪的选择；鉴别不同品种、品系的优秀个体；提供经测定的优秀种猪等。场内测定可使测定数量最大化，但场间环境存在较大的变异。中心测定是指将种猪集中在相对一致的环境下饲养，以评估各项性状性能的差异。主要用于：对种猪场技术人员进行种猪性能测定和记录的培训与示范；比较不同个体种猪生产性能（如生长速度、饲料转化率、背膘厚等）的差异；为种猪场、商品猪场、人工授精站提供经测定的优良种猪等。

（一）种猪生产性能测定原则

1.测定数据的准确性和精确性

所用的测定方法，要保证所得的测定数据具有足够高的准确性和精确性。准确性是指测定结果的系统误差的大小（是否有整体偏大或偏小的趋势），精确性是指对同一个体重复测定所得结果的可重复程度。

2.测定方法的广泛适用性

所用的测定方法要有广泛适用性。我们的育种工作常常并不只限于一个场或一个地区，一切应以保证足够的精确性为前提。

3.测定方法要经济实用

要尽可能地使用经济实用的测定方法。在保证足够的精确性和广泛的适用性的前提下，所选择的测定方法要尽可能地经济实用，以降低性能测定的成本，提高育种工作的经济效益。

（二）种猪生产性能测定设备

1.称重设备

电子秤、磅秤等，目前普遍采用电子秤。

2.膘厚测定设备

早期采用探针法。随着超声技术的发展，超声机越来越多地应用于动物育种中。早期使用单相超声探头的A型超声波仪，用于给出确定解剖部位的脂肪和肌肉厚度的一个单点估计。科技的发展扩大了超声机的用途，把多重探头组合成线阵，可以估计脂肪厚度、肌肉厚度、肌肉面积和肌肉周长。这种增强机称为B型超声波仪或实时超声波仪，能非常精确地给出动物组织图像。实时超声波在20世纪80年代的商业应用，提高了脂肪和肌肉活体估计的准确性，同时也提高了这些性状的遗传进展。

3.采食量测定设备

在种猪群体饲养环境下进行猪只生长状况、采食量、采食行为进行记录的设备。该类设备能有效地在种猪群体饲养环境下持续测定个体的生长数据，系统自动记录每次采食的时间、采食持续时间、饲料消耗量和个体猪体重，数据传送到主电脑后，由系统操作软件生成测定报告：软件自动计算任意生长阶段个体日增重，结合采食量记录，自动计算个体任意生长阶段饲料报酬，并可对个体采食量、日增重和饲料报酬进行有序排列和汇总等。

（三）种猪生产性能测定部位

测定部位选择的基本要求：一是要代表全身肥肉或瘦肉的部位；二是选择测定部位后所有种猪场应针对同样的部位进行测定。早期采用A型超声波仪测定时，通常对肩胛后缘、最后肋、荐部前缘3点测定，然后计算均值。随着B超的广泛应用，测定位置逐步统一为10至11肋（为方便确定位置，通常为倒数第3至第4肋）。

（四）种猪生产性能测定操作程序

由于目前我国正推广使用B型超声波技术，这里仅以B型超声波仪为例说明膘厚和眼肌面积的测定程序。

（1）在进行超声测量时，应该尽可能地限制动物的活动，以有利于收集到标准的超声图像。测量时，通常把猪放到带笼子的秤上，限制其活动。注意不要收集种猪躺下或跪下的图像。

（2）动物保定后，下一步是要确定探头的位置。超声波测量的标准位置是在第10和第11肋骨之间，为有利于胴体测量与超声测量进行比较，尽可能用同一侧的测量结果（我国规定统一测定左侧）。

（3）把植物油或声学胶敷于猪的背部，因为超声探头是线形的，而猪的背部是弯曲的，为了使探头充分接触到种猪背部的曲线上，超声导板必须连接在探头上以获得高质量的图像，涂一层植物油或耦联剂，必须覆盖超声导杆探头的整个表面，以及超声导板与动物皮肤之间探头的整个表面。要清除毛上的泥土以及外来的异物，它们会夹住气泡或干扰声波进入或返回的有效耦联。每次扫描之前都要敷油。

（4）敷用偶联剂以后，把探头垂直放置到动物脊柱上。探头的角度应与肋骨的角度相匹配，定位到第10至第11肋间界面上进行扫描。探头应保持与猪的外表皮垂直，倾斜的眼肌面积图像会造成高估实际眼肌面积。

（5）由所获得的图像确定确切的解剖位置（第10和第11肋骨界面）。确定探头前方位置的一个重要因素就是超声图像中出现斜方肌。斜方肌位于眼肌近端（上部），在第9到第10肋骨界面处，斜方肌经常出现在图像中，并且在第9到第10肋骨前方所有位置都存在。斜方肌的存在就好像是第4层皮下脂肪。当斜方肌存在时，应该重新定位探头，往后移一根肋骨，以确保图像中没有斜方肌。

另外，在解剖学上，棘肌大小和形状对于确定探头位置也十分重要。棘肌或冠肌出现在眼肌左上角。第10和第11肋骨的界面或这个位置之前的超声波图像中可以见到棘肌，但在这个位置的棘肌通常是很小的。在第10和第11肋骨之后的界面上成像不会出现棘肌。但是，超声图像中斜方肌比棘肌更容易鉴别。因此，使用斜方肌作为解剖位置的一个标志更符合实际。一旦将探头放在参考点上，控制台上就会出现一个清晰的图像，从图像中可以看出斜方肌是存在还是不在。如果图像中没有斜方肌，探头应该逐渐向前滑动，直到超声图像中第一次明显地出现斜方肌。一旦斜方肌明显出现，技术员应该向后滑动探头直到图像中不再出现斜方肌。在有斜方肌出现的界面后的第1个界面就是第10和第11肋骨的界面。

同时，还应注意的是第10肋骨上方的脂肪厚度是均匀的（厚度相似），第10肋骨之前，由于斜方肌的存在，第3脂肪层的厚度变得不均匀。

（6）记录一个清晰而又准确的图像，解读图像，获得准确测量值。获得精确超声波图像，要注意不要有肋骨压入眼肌，肋骨在超声波图像中背最长肌下方，出现两条几乎平行的线是比较理想的。出现肋骨意味着技术员应该向前、向后或旋转探头的角度使肋骨从图像中去除。在旋转和移动探头时，必须注意使探头与皮肤垂直。

此外，在测量猪的膘厚时，猪皮是包括在内的。一般猪的眼肌上方都有3层皮下脂肪，在膘很厚的猪中，第三脂肪层很明显，在很瘦的猪中，很难看到第三脂肪层。但是，所有的猪都有3层皮下脂肪。

在解读膘厚时一般较容易，眼肌面积要比膘厚难。因为测定眼肌面积需要解读的信息量大于估计膘厚。通常采用画出中部回声标志的轮廓来界定眼肌面积。眼肌面积的背部和腹部（上部和下部）边界通常很亮、容易界定并且比较容易解读。多数技术人员一般都体验过画出侧面边界的困难。这些边界通常不清晰，难以界定。当侧面边界不清晰时，就需要某种程度的主观性。既然上下边界通常很清楚，尽可能地完成它。画出上下边界的轮廓后，图像解读人员必须试图通过上下边界（通过描出这两条线的斜线）集合于眼肌面积的侧面边界线来画出侧面边界。注意超声图像上和胴体横切面观测图上背侧眼肌的角度和存在的多裂肌，不要将多裂肌和棘肌并入眼肌面积中。

三、种公猪饲养管理

（一）种公猪的饲养

在种公猪的饲料配方设计过程中，首先要考虑到不同品种的公猪营养需要和公猪对各种养分的需要量不同，充分利用当地的饲料资源，选择适合种公猪生产需要的原料，制定出科学合理的饲料配方。为了交配方便，延长使用年限，公猪不应太大，这就要求限制饲养。公猪日喂2次，每头每天喂2.5～3.0千克饲料。

（二）种公猪的管理

1.培育良好的生活习惯

要妥善为种公猪安排喂饲、饮水、运动、休息、配种（或采精）、刷拭、洗浴等活动日程，形成制度化，不要轻易变动，使公猪养成良好的习惯。配种（或采精）宜在早、晚饲喂前进行。配种后不得立即饮水、洗浴和喂饲。

2.运动

加强种公猪的运动，可以促进食欲、增强体质、避免肥胖、提高性欲和精液品质。种公猪除在运动场自由运动外，每天还应进行驱赶运动，上下午各运动一次，每次行程2千米。

3.刷拭和修蹄

每天定时用刷子刷拭猪体，热天结合淋浴冲洗，要注意保护猪的肢蹄，对不良的蹄形进行修蹄。

4.定期检查精液品质

种公猪无论是本交还是人工授精，都要定期检查精液品质，特别是在配种期和配种准备期，最好每10天检查一次，以便调整营养、运动和配种强度。

5.防止公猪咬架

公猪好斗，如偶尔相遇就会咬架。公猪咬架时应迅速放出发情母猪将公猪引走，或者用木板将公猪隔离开，也可用水猛冲公猪眼部将其撵走。

6.防寒防暑

种公猪最适宜的温度为18～20℃。

7.定期称重

种公猪应定期称量体重，了解其生长发育和体况，以便调整日粮营养水平和饲料喂量。

（三）种公猪的利用

1.配种年龄

后备公猪开始参加配种的适宜年龄一般不早于8~9月龄，体重不低于100千克。

2.种公猪的利用强度

公猪在最初使用时，以每周1~2次为宜，11月龄以后的公猪性能是最好的。本交可以每周使用4~5次，人工采精每周2~3次。人工采精时，如果种公猪是初次使用或有一段时间没有使用，第一次采集的精液应废弃不用，因为长期贮存的精液，活力较低，精液品质也差。老龄公猪应及时淘汰更换。

第二节　猪场建设

一、选址与布局

（一）场址选择

1.地势高燥，通风良好

猪场应选择地势高燥、向阳、通风、排水良好的地方。在城镇周围建场时，场址用地应符合当地城镇发展规划和土地利用规划的要求。

2.交通便利，利于防疫

选择交通便利，水、电供应可靠，便于排污的地方建场。猪场既要有利于严格的防疫，又要防止对周围环境的污染。因此，新建猪场应选在交通便利又比较僻静的地方，最好离干线公路、铁路、城镇、居民区、学校和公共场所1 000米以上；远离医院、畜产品加工厂、垃圾及污水处理场3 000米以上。猪场周围应有围墙或防疫沟，并建立绿化隔离带。禁止在旅游区、畜禽疫病区和污染严重地区建场。

3.水源充足

猪的日饮水量为：成年猪10～20升，哺乳母猪30～45升，青年猪8～10升。一个饲养规模在100头的养猪场，用于猪只饮水和洗刷用水每年约需5亿升。为保证供给猪场优质的水，选择猪场时，应首先对水质进行化验，分析水中的盐类及其他无机物的含量，并要考察是否被微生物污染。与水源有关的地方病高发区，不能作为无公害猪肉生产地。

4.猪场的坡度及服务供应措施

按照猪舍坡度规划排水设备和计算下水道的容量。新建猪场还要考虑扩建问题。电力供应有保障。为预防停电，应配备相应的发电机。猪舍应规划安全防火设施，预防火灾发生。

5.风向因素

场址应选择在位于居民区常年主导风向的下风向或侧风向处，以防止因猪场气味的扩散、废水排放和粪肥堆置而污染周围环境。生活区和居民区应设在上风向，各类猪群的猪舍排列也应考虑风向因素，防止疫病交叉感染。

6.场地面积

猪场占地面积依据猪场生产的任务、性质、规模和场地的总体情况而定。生产区面积一般可按每头繁殖母猪40~50平方米或每头上市商品猪3~4平方米计划。

（二）场地规划与建筑物布局

猪场各建筑物的安排应结合地形、地势、水源、当地主风向等自然条件以及猪场的近期和远期规划综合考虑。一般整个猪场的场地规划可分为生产区、管理区、生活区和隔离区四部分，并严格执行生产区与生活区、行政区相隔离的原则，按顺序安排各区。人员、动物和物资运转应采取单一流向，进料和出粪道严格分开，场区净道和污道分开，互不交叉。根据防疫需求应建有消毒室、隔离舍、病死猪无害化处理间等，应距离猪舍下风向50米以上。

二、猪舍内环境控制

（一）猪舍的温度调控

猪舍温度是猪舍温热环境中起主导作用的最为重要的因素，直接影响猪只的健康和生产性能。因此，猪舍温度的调控是猪舍环境管理与调控的重要内容之一。做好猪舍温度调控的关键，不仅在于做好猪舍保温隔热设计，还要结合当地气候条件和各类猪群对温度的不同要求，在冬季气温过低或夏季气温过高时，采取相应的措施进行保暖或防暑降温，以保证猪舍内具有适宜的温度环境。

1.猪舍的保温隔热设计

猪舍的防寒、防暑性能在很大程度上取决于外围护结构的保温隔热性能。保温隔热设计合理的猪舍，除了极端寒冷和炎热地区外，一般都可以较好地保证猪只对温度的基本要求。只有幼龄仔猪，由于其本身的热调节机能不健全，对低温环境极其敏感，因而需要通过人工采暖以保证仔猪所要求的适宜温度。因此，做好猪舍的保温隔热设计是保证猪舍具有适宜温度环境的基础。

2.猪舍的供暖

我国大多数地区的冬季平均气温都达不到仔猪所要求的适宜温度，对于哺乳仔猪和断奶（保育）仔猪，在冬季都要考虑采暖。对于生长育肥猪和其他成年猪，南方可以在开放舍和半开放舍安装保温卷帘，北方严寒地区则要求考虑采暖。猪场常用的采暖方式有局部供暖和集中供暖两种方式，生产中可根据实际情况进行选用。

3.猪舍的防暑降温

在炎热地区或炎热的季节有必要采取一定的措施来降低猪舍温度，以消除或缓解高温对猪群健康和生产力的有害影响。猪舍降温的方法很多，其中机械制冷方法由于设备和运行费用都很高，一般不主张采用。

4.猪群防寒防暑的管理措施

在养猪生产中，除了做好猪舍的设计和供暖、降温外，根据气温的季节性变化，对猪群采用科学的饲养管理措施，对降低高温或低温天气对猪群的不利影响，提高猪群健康和生产性能也具有不可忽视的作用。在生产中，可以结合猪场自身的实际情况灵活采取相应的措施，以保证猪舍内温度的相对稳定。

（二）猪舍的通风换气

猪舍进行通风换气，其目的是在气温较高的情况下缓和高温对猪产生的不利影响，排出舍内的污浊空气、尘埃、微生物和有毒有害气体，降低猪舍内的空气湿度，以改善舍内空气环境质量。

确定合理的通风换气量是组织猪舍通风换气最基本的依据。通风换气量的确定，主要可以根据猪舍内产生的二氧化碳、水汽和热能进行计算。但实际生产中为了方便猪舍通风换气系统的设计，通常可根据不同类型猪舍通风换气的参数来进行确定。猪舍通风换气一般有自然通风和机械通风两种方式。

1.猪舍的自然通风

自然通风是靠风力和温差（热压）来形成气流，通过打开或关闭猪舍的进气口和出气口来调节通风量。舍外的新鲜空气靠风力从猪舍迎风墙的进气口进入舍内，并从下风墙的出气口或屋顶通风帽排出舍外，从而实现猪舍的通风换气。自然通风系统不需要任何机械设备，是一种最为经济的通风方式。

2.猪舍的机械通风

由于自然通风受许多条件制约，不可能保证在任何自然气候条件下都能达到满意的通风效果，因此在自然通风不能满足要求时，尤其是在炎热的夏天、大跨度猪舍和无窗式密闭猪舍，必须采用机械通风。机械通风是利用风机强制进行猪舍内、外的通风换气。设计合理的机械通风效果可靠，但要消耗电能，运转维修费用也比自然通风高。

（三）猪舍的采光与照明

光照是影响猪群健康和生产性能的重要环境因素之一。猪舍的光照根据光源的不同，可分为自然光照和人工照明两种。自然光照不需要电，但光照强度和光照时间有明显的季节性，一天当中的光照也在不断变化，难以控制，舍内的照度也不均匀，尤其是跨度较大的猪舍，中央地带的照度更差。为了补充自然光照时数和强度的不足，猪舍可采用人工照明。在猪舍内合理确定和布置灯具种类、规格、数量和布局，以使舍内获得适宜的照度。

1.猪舍自然采光的控制

猪舍内的自然光照取决于通过猪舍窗户透入的太阳直射光和散射光的量，而进入舍内的光量与猪舍朝向、舍内情况、窗户的面积、入射角与透光角、玻璃的透光性能、舍内反光面、舍内设置与布局等诸多因素有关。采光设计的任务就是通过合理设计采光窗的位置、形状、数量和面积，保证猪舍的自然光照要求，并尽量使照度分布均匀。

2.猪舍的人工照明

在生产中，开放式、半开放式及有窗式猪舍的光照主要为自然光照，而对于无窗式密闭猪舍则完全依靠人工照明。无论是何种类型的猪舍，当自然光照不足时，都需要采用人工照明来进行补充。猪舍的人工照明宜采用节能灯。猪舍人工照明灯具的设置应保证猪舍光照均匀，按灯距3米，灯高2.1～2.4米，每灯光照面积9～12平方米的原则进行布置。

三、养猪设备

（一）猪舍地板

1.实体地板

实体地板一般由混凝土制成，可以铺草或不铺草。从建筑费用上，实体地板具有相对便宜的优点，但是它们难以保持清洁和干燥，清除粪尿时需要高强度的劳力投入。而且实体地板对幼龄猪不适用，尤其分娩舍和保育舍的仔猪，加之散热快，导致寒冷、潮湿和不卫生的环境，易造成仔猪体质和生产性能下降。

2.漏缝地板

漏缝地板可以用多种材料制成，常用的材料有混凝土、木材、金属、玻璃纤维和塑料。漏缝地板类型的选择应考虑以下原则：一是经济性，即地板的价格与安装费要经济适用；二是安全性，过于光滑或过于粗糙以及具有锋锐边角的地板，会损伤猪蹄与乳头，不能使用；三是保洁性，劣质地板容易藏污垢，需要经常清洁；同时，脏污的地板容易打滑，还隐藏着肠道病菌和各种寄生虫；四是耐久性，不宜选用需要经常维修以及很快会损坏的地板；五是舒适性，地板的表面不要太硬，要有一定的保暖性。应尽可能根据不同猪舍要求选择间隙大小适合的漏缝地板。

（二）猪栏

猪栏的结构分栏栅式和实体两种。按饲养猪的类别，猪栏分公猪栏、配种栏、母猪单体栏、母猪小群栏、分娩栏、仔猪保育栏和生长育肥猪栏。

1.公猪栏和配种栏

公猪栏和配种栏的构造有实体、栏栅式和综合式3种。其配置方式多采用以下3种方式：第一种是待配母猪栏与公猪栏紧挨配置，不设专门的配种栏，公猪栏同时也是配种栏；第二种是待配母猪栏与公猪栏隔通道相对配置，公猪栏同时也是配种栏；第三种是公猪母猪分别设栏饲养，配置专门的配种栏。生产中较常用的是第一种和第二种配置，省去了专用配种栏，配种时只需移动母猪，简化操作。在规模较大、集约化程度较高的猪场多采用第一种配置方式。公猪栏长、宽可根据猪舍内布置来确定，栏高一般为1.2~1.4米，栏栅结构可以是金属的，也可以是混凝土结构，但栏门应采用金属结构，便于通风和观察。

2.母猪栏

繁殖母猪的饲养方式主要有大栏分组群饲、小栏个体饲养和大小栏相结合群养3种方式，其中小栏个体饲养具有占地面积小，易于观察母猪发情，母猪相互隔离、不打架、不争食，防止机械原因引起的流产，但投资大、母猪运动量小，其结构有实体、栏栅式、综合式3种。栏栅结构可以是金属的，也可以是混凝土结构，但栏门应采用金属结构。

3.分娩栏

分娩栏分高床和地面两种，高床分娩栏是采用金属或塑料等漏缝地板将分娩栏架设在粪沟或地面上。分娩栏的尺寸与母猪品种体型有关，长度一般为2.2～2.3米，宽度1.7～2.0米，母猪限位栏的宽度为0.6～0.65米，多采用0.6米，高度为1米，母猪限位栏栅离地高度为30厘米。

4.仔猪保育栏

保育栏一般都是采用金属、塑料漏缝地板，实行高床离地饲养。目前，猪场多采用高床网上保育栏，其长、宽、高尺寸应视猪舍结构而定，常用的有栏长2米，宽1.7米，高0.6米，侧栏间隙6厘米，离地面高度25～30厘米，可养10～25千克的仔猪10～12头。实用效果好。在生产中，可采用金属与水泥混合结构，也可全部采用水泥结构。

5.生长育肥猪栏

生长育肥猪一般采用大栏饲养，其结构类似保育栏，只是面积大小稍有差异，其结构有实体式、栏栅式、综合式3种。

（三）喂料设备

猪只喂料设备必须设计建造合理、材料坚固、无毒无害且易于清洗消毒。喂料设备主要由喂料机和食槽组成。喂料机分固定式和移动式两种，固定式喂料机主要由饲料塔、饲料输送机等组成；移动式即为手推饲料车。养猪业中使用的饲槽种类繁多，存在着很大差异，有普通食槽和自动食槽。自动食槽常用于仔猪培育舍和生长育肥猪舍，普通食槽则多用来饲喂种猪。

（四）饮水设备

猪只饮水设备必须设计建造合理、材料坚固、无毒无害，且易于清洗消毒。猪舍内的供水系统包括猪的饮用水和冲洗用水两部分。水源丰富的猪场可用一套供水系统。猪场的饮水设备有水槽和自动饮水器两种形式。国内外规模化养猪场常用鸭嘴式饮水器，猪场根据不同阶段的猪来选择饮水器的大小和安装高度。一般规模化猪场多采用自动饮水设备。

（五）通风降温和供热保温设备

1.通风换气设备

猪舍的通风换气，常见的有负压通风、常压通风及管道压力通风等形式。负压通风是最简单、最廉价的一种通风方式，在国内外应用广泛。负压通风有纵向通风与横向通风之分。常压通风是利用窗口自然通风。管道通风即利用风机通过管道向猪舍内输送新鲜空气，根据进气口的设备可输送热空气也可输送冷空气。

2.降温设备

猪舍降温有冷风机降温和喷雾降温两种，当舍内温度不太高时，采用小蒸发式冷风机，降温效果良好。在封闭式猪舍，可采用在进气口处加湿帘的办法降温。

3.供热设备

猪舍内的供热有整体供热和局部供热两种，整体供热需要的供热设备有锅炉、热风炉、电热器或地暖等，通过煤、天然气或电能加热水或空气，再通过输送管道将热量送到猪舍。局部供热主要用于分娩舍仔猪箱内保温和仔猪培育舍的补充温度，常用的设备有：红外线灯泡、加热板和仔猪电热板，也有用天然气或沼气灯来进行局部供暖的。

（六）消毒设施

猪场大门入口处要设置宽与大门相同，长等于进场大型机动车车轮一周半长的水泥结构消毒池，深度要能够浸没汽车轮胎，池内应经常放有消毒液。生产区门口设有更衣换鞋、消毒室或淋浴室。猪舍入口处要设置长1米的消毒池，或设置消毒盆以供进入人员消毒。养猪场应备有健全的清洗消毒设施，防止疫病传播，并对养猪场及其相应设施如车辆等进行定期清洗消毒。

（七）粪便处理设施

养猪场必须设置防止渗漏、径流、飞扬且具一定容量的专用储粪设施和场所或有效的粪便和污水处理系统。猪场粪便需及时进行无害化处理并加以合理利用。新建猪场的粪便和污水处理设施需与猪场同步设计、同期施工、同时投产，其处理能力、有机负荷和处理效率最好按本场或当地其他场实测数据计算和设计，以下参数可供参考：存栏猪全群平均每天产粪和尿各3千克；水冲清粪、水泡粪和干清粪的污水排放量平均每头每天约分别为50升、20升和12升。

猪场设计时，最好采用干清粪方式。粪尿混合的在粪污处理时可用机器设备分离，主要设备包括粪尿固液分离机和刮板式清粪机。粪尿固液分离机应用最多的有倾斜筛式粪水分离机、压榨式粪水分离机、螺旋回转滚筒式粪水分离机、

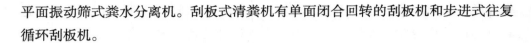

平面振动筛式粪水分离机。刮板式清粪机有单面闭合回转的刮板机和步进式往复循环刮板机。

（八）生物防护设施

养猪场应配备对害虫和啮齿动物等的生物防护设施。

（九）其他设施、设备

根据防疫需求，猪场可建有消毒室、兽医室、隔离舍、病死猪无害化处理间等，应距离猪舍的下风50米以上。规模化猪场还应备有地面冲洗喷雾消毒机和火焰消毒器。生产设备主要包括妊娠测定仪、背膘测定仪、称重用的各种秤、切齿钳、耳号钳、耳标，各种车辆等。办公设备主要有电脑、传真机等。饲养场还应设有与生产相适应的兽医室所需的仪器设备。

第三节 饲料及调配技术要点

一、饲料原料选择的基本要求

原料选择时注意以下要求：一是原粮产地环境、原料生产、加工运输过程符合无公害生产要求；二是尽量减少饲料原料中的毒性成分（霉菌毒素），严禁使用霉变饲料原料；三是了解各种饲料原粮的营养价值，控制抗营养因子（植酸、戊聚糖、β-葡聚糖等）的存在；特别注意的是制药工业副产品不应作为生猪饲料原料。

二、各种原料在猪日粮中的限量

各种单个饲料在饲粮中的最高用量随猪的生长阶段而不同。其限量见表1-1。

表1-1 各种原料的一般用量（单位：%）

原料	仔猪	生长猪	育肥猪	妊娠母猪	哺乳母猪
苜蓿草粉	0	5	5	90	10
大麦	25	80	60	80	80
血粉	0	3	3	3	3
玉米	70	80	90	85	85
棉籽饼	0	5～10	5～10	5～10	5～10
鱼粉	5	10	5	10	10
亚麻粉	5～10	5～10	5～10	5～10	5～10
肉骨粉	5	5	5	10	10
高粱	6	8	9	8	8
燕麦	0	20	20	70	15
干脱脂粉	40	0	0	0	0
大豆饼	60	20	20	20	20
糟渣	0	5	5	10	6
小麦	60	80	90	85	85
菜籽饼	0	8～15	8～15	10	8
骨粉	1.5	20	2.0	1.5	2.0
麸皮	20	30	20	30	20

三、饲料调配技术要点

饲料调配要以猪的饲养标准为依据，并结合生产实践经验，考虑饲料原料的品质、适口性和消化率等因素，制定出符合要求的最佳日粮配方，满足猪对各种营养（能量、蛋白质、矿物质、维生素等）的需要。饲料配制应掌握以下原则。

（1）注意饲料的多样化，充分发挥各种原料之间的营养互补作用，以保证营养物质的完善，有利于提高日粮的消化率和营养物质的利用率。

（2）所用饲料种类应力求保持相对稳定，如果必须改变饲料种类和配合比例时，应逐渐更换，否则会导致猪的消化系统疾病，影响生产性能。

（3）结合当地的饲养经验和本地的自然条件，应尽量做到就地取材，充分利用当地饲料资源，以便制定出适合本地的猪饲料配方。

（4）在满足猪对各种营养成分需要的同时，还要注意各种营养成分之间的平衡。如能量蛋白比例要符合饲养标准的规定，日粮中能量高，蛋白质的含量也应高些；能量低，蛋白质的含量也相应低些。还要注意氨基酸之间的平衡，特别是必需氨基酸的平衡。

（5）在设计配方时，应考虑饲料的卫生要求，所用饲料应质地良好，发霉变质的饲料不宜做配合饲料的原料。

（6）必须根据各种猪的消化生理特点，选择适宜的饲料进行搭配，尤其要注意控制日粮中粗纤维的含量。当日粮中粗纤维的含量增加时，日增重和饲料利用率将降低。粗纤维含量，仔猪不超过4%，生长育肥猪不超过6%，种猪不超过8%为宜。

（7）必须考虑采食量与饲料体积及饲料养分浓度之间的关系。如果配出的日粮容积过大，养分浓度低，就会造成营养物质的不足；若是容积过小，养分浓度高，在自由采食时又会出现过饲的情况。

（8）在添加微量元素、维生素、食盐等成分时，不应直接加到饲料中，应先与某种饲料充分预混（如玉米粉、麦麸等），逐步扩散，然后再拌入全部饲料中，反复搅拌均匀。

第四节　饲养管理技术

一、多点式生产与分阶段饲养

（一）多点式生产与分阶段饲养概念

随着养猪模式不断向工厂化、规模化方向发展，疫病防控与提高猪群生产性能逐渐成为猪场优质、高效生产的技术难点和技术重点。全进全出、早断奶、多点式生产等在切断病原体在猪群（场）中的相互传播起到了重要的作用，尤其是多点式生产因为操作简单，实施效果明显，逐渐引起养猪生产者和科研工作者的重视。同时，随着猪营养研究的日趋深入，饲粮配制技术的不断提高和饲喂设备的逐渐完善，根据不同猪群的生理阶段、生产用途、生产性能等差异而进行的分阶段饲喂猪群营养调控策略逐渐走进猪场，在提高经济效益方面，起到支撑性作用。

多点式隔离饲养技术是猪场在组织生产时，根据猪场的规模、周围环境、病原体的种类及当地的气象条件等因素，设立相隔一定距离的生产区，在不同生产区内有序地完成整个猪场的生产工艺流程，是养猪生产的一种生产组织形式。

分阶段饲养技术主要集中在猪群营养调控方面，是依据不同生理阶段、生产用途和生长阶段猪只的生理特点及其对饲料营养成分需要量的不同，为其提供经过优化的饲料，是猪群精细化营养调控技术。

（二）多点式生产与分阶段饲养特点

组织多点式生产模式的理论依据主要有不同生理阶段的猪只易感的病原体不一致；隔离不同生理阶段的猪只能够有效地切断病原体的传播；不同病原体在气溶胶条件下传播距离有限，可以减少病原体在不同猪场、猪群间传播等。

1.多点式生产

在养猪生产实践中，一种传染病的流行需要有3个基本环节：传染源、传播途径和易感猪群，缺少任何一个环节，猪病毒都无法进行传播、感染，猪群也就不会发生传染病。但是，在养猪生产实践中，无论是净化传染源，还是消除易感猪群都受到很多因素的限制，效果都非常不理想，无法进行有效的猪病防治。近年来，大家都在阻断病原体的传播途径上进行了大量的研究，提出了很多有效的方法。其中，多点式生产就因为能够根据生物安全的基本原理，通过严格的管理，在很大程度上切断了病原体在不同猪群间的传播，减少了猪病的发生率，在一定程度上提高了养猪生产者的经济效益。

猪的胎盘较一般的哺乳动物复杂，导致大分子抗体蛋白很难直接通过胎盘而直接进入到胎儿体内。但在仔猪初生后3～5天，母猪初乳中的抗体蛋白还是能够直接通过仔猪小肠壁而进入仔猪体内，发挥相应的功能。因此，仔猪在哺乳期内，疾病的发生率并不高。随着母源抗体在仔猪体内的逐渐消失，仔猪受母猪携带的病原体感染的风险也逐渐加大。在比较仔猪通过吸吮母乳而获得的体增重与感染疾病的风险后，一些养猪场开始进行早期断奶，以减少哺乳仔猪感染疾病的危险。同时，在药物的帮助下，进行早期隔离、多点式养猪生产，是一种有效阻断不同猪群间疾病相互感染的有效技术措施。

多点式生产通过将不同生理状态、不同健康状态、不同生产用途的猪只进行隔离，在一定的距离内，使不同猪只生产在一个相对"干净"的环境内，充分利用不同病原体在不同生理阶段猪只中的易感性不同这一特性进行疫病防控，是技术、资金投入少而效果明显的技术措施。

2.分阶段饲养

饲料的投入占猪场生产成本的70%左右，是猪场节本增效的主要技术点。同时，大型晚熟品种猪所占比例越来越高，不同生理阶段的猪只在饲粮养分的需求上，也存在越来越大的差异。因此，根据不同生理阶段猪只对饲粮养分需求的不同，进行精细化营养调控，受到越来越多的关注。

在肉猪生产中，不同生理阶段的猪只对营养需求的特点也不一致。在仔猪出生后，直到生长育肥阶段，机体组织的生长发育高峰出现的顺序依次是骨骼、肌肉、脂肪。这种发育顺序的不同，也对饲粮养分种类和需要量提出了新的变化趋势，进而要求饲粮配制技术更精确，以便使饲料所提供的营养物质能在最大限度上满足猪只的生产需要，避免不足和浪费。比如，后备小母猪，饲粮养分需要量除了要满足生殖系统的发育外，还要满足自身的身体生长和维持需要。这一点，就明显有别于成年母猪的妊娠期营养需要量。成年母猪即使与后备小母猪有着相同的代谢体重，其养分需要量只需要满足自身维持及胎儿发育，生长所需要的养分很少。再比如，断奶仔猪与生长后期的育肥猪相比，其消化道发育尚不完善，不能大量利用玉米这样的植物性能量饲料，需要补充一定量的动物性能饲料，如乳清粉、动物油脂等，才能降低腹泻率和提高生长性能。

3.技术优点

（1）净化猪场疾病。在早期断奶、全进全出等技术辅助下，多点式生产可以对大量的猪场疾病进行有效净化。据资料介绍，多点式生产可以除去的病原有：猪流行性感冒病毒、猪呼吸和繁殖综合征病毒、传染性胃肠炎病毒、伪狂犬病、沙门氏菌、猪喘气病、猪细小病毒、猪副嗜血杆菌、萎缩性鼻炎、猪痢疾等。

（2）提高免疫水平。机体的免疫水平，尤其是非特异性免疫水平的高低与饲料营养的关系密切。营养素结构合理，供应充足的猪群，其整体健康水平也较高，对疾病的抵抗力也相对较强。鉴于营养素进入猪体内分为维持营养、生长营养和免疫营养，猪的抗病营养成为猪营养学领域近年来的研究热点。在相同的病原体感染压力下，维持较高的非特异性免疫水平就需要较高的免疫营养水平。免疫营养需求与生长营养和维持营养不同，其主要的营养素的基本用途是要满足免疫系统的组织更新、发挥正常功能及合成免疫因子等过程的营养需要。不同生理阶段的猪只在维持正常免疫水平时所需要的营养需要是不一致的。比如，妊娠期母猪因为具有"孕期合成代谢"生理特点，与哺乳母猪相比，对饲料的营养需求就明显不同。这种差异性的营养需求只能通过分阶段饲养才能满足。

（3）降低技术压力。疫病防控一直是养猪生产者面临的技术难点，俗称"家有万贯，带毛不算"，足见养猪的疫病防控压力之大。但在我国养猪生产的发展历程中，却存在着"老病没有消灭、疾病种类增加"的现象，严重地制约了我国养猪业的高产、高效、优质的发展进程。究其原因就是兽医技术的普及推广程度低，养猪生产者片面理解兽医卫生，严重依赖兽医技术，产生了管理、预防和治疗三者间的失衡。

现在"重管理、轻治疗"的生产理念逐渐被养猪者所接受。通过有效的管理手段来净化猪场的疾病，对不同猪群施行精细化饲养是企业可持续发展的基本途径。多点式生产和分阶段饲养通过切断病原体的传播途径和对不同猪群进行精细化的营养调控，可以很大程度上破坏掉传染病传播所必需的两个环节：传播途径和易感猪群，对于降低疫病防控难度有着巨大的作用。

4.技术要点

无论是多点式生产还是分阶段饲养，都需要根据猪场的实际情况来组织实施，需要一定的技术统筹。同时，不能将多点式生产或者分阶段饲养看成独立的技术体系，而是与早期断奶、药物处理、饲料加工等技术和工艺相辅相成，才能体现这两种技术的优势。

（三）多点式生产与分阶段饲养关键技术

1.生物安全技术

生物安全的定义是：预防传染因子进入生产的每个阶段或场点或猪舍内所执行的规定和措施。多点体系的生物安全即通过采取措施防止传染因子通过以下途径发生污染。

（1）来自多点体系外部的病原体水平传入。

（2）场点内部从一个位点到另一个位点的水平传播。

（3）生产场点之间的点间垂直传播。

对猪、人员和车辆移动进行严格管理和控制，是生物安全行之有效和防止传染因子传入或传播的关键。多点体系是通过隔离断奶来提高猪的健康状况。相对于单场点和传统两场点猪场来说，多点体系的主要优势在于多点体系能够很容易地改善猪的健康状况，而不用采取全体清群的方法。但在应用隔离断奶原理时，必须采取严格措施防止传染因子在场点之间传播。

2.猪群规模大小

猪群规模的大小是多点式生产如何进行点的规划的决定性因素。目前，尚没有资料进行猪群规模与点的划分间的文献报道。但一般认为，基础母猪少于50头的小规模养猪生产场及农户无法进行多点式生产，只能采用"一点式"生产，但可以在一个场子内实施简单多点式，即在场内不同地点进行多点式。很明显，这种一个场子内的多点式无法进行有效的隔离，其效果受到明显减弱。在基础母猪超过50头以上，在500头以内可以实施典型的"多点式生产"。

3.多点的布局

场地规划主要考虑卫生防疫要求，可根据选定场地与周围人居环境的位置、地形地势、主风向等因素，尽量将场前区布置在全年主风上风向和地势高处，隔离区放在下风向和地势低处，生产区则布置在中间地带。此外，还应考虑防疫、工艺流程和场内外联系，合理规划场内外净道和污道、给排水管线、地面排水、绿化等。

在猪场的整体布局上，主要是要合理安排生产区各种猪舍、生产附属建筑和设施，一般也按全年主风向、地势高低、工艺流程安排公猪舍、待配母猪舍、妊娠母猪舍、产房、保育仔猪舍、待售猪舍（生长和育肥舍）。布局一般横向（东西）为排、竖向为列，根据猪场规模和地形可布置为单列、双列或多列。

不同点的距离，一般为2 000米，最多可达3 200米。因为不同病原体在气溶胶中的传播距离很难测定，故多点式生产的不同点之间的距离一般认为超过2 000米即可达到安全距离。

二、全进全出饲养工艺

（一）全进全出概念

随着时代的进步、工业化水平的不断提高，特别是畜牧科技的蓬勃发展，生猪养殖业也由传统的养殖模式向现代化工厂养殖模式转变。现代化工厂养猪是一个有机的整体与系统工程，它将先进的科学技术，诸如育种技术、饲料营养调配技术、猪舍环境调控技术、粪污无害化处理等有机地结合起来，按工厂化生产工艺进行生产管理，旨在通过对生猪不同生长发育阶段进行精细饲养，为其分别创造利于生长、发育、繁殖的生产微环境，充分发挥其各阶段的生产潜力，提高养猪生产效率与水平，以获得良好的经济效益。

现代化养猪的一个重要特点就是按现代化工业生产方式来进行猪的生产，实行流水生产工艺，其中"全进全出"是现代化养猪生产中常见的一种流水式生产工艺形式。

"全进全出"从字面上可以理解为全部一起转入一起转出。具体来说，"全进全出"是指生猪从出生开始到上市的整个过程中，养殖者通过预先的设计，按母猪的生理阶段及商品猪群不同生长时期，将其分为空怀、妊娠、分娩、保育、生长育肥等几个阶段，并把在同一时间段内处于同一繁殖阶段或者生长发育阶段的猪群，按流水式的生产工艺，将其全部从一种猪舍转至另一种猪舍，各阶段的猪群在相应的猪舍经过该阶段的饲养时间后，按工艺流程统一全部转到下一个阶段的猪舍，同一猪舍单元或猪舍只饲养同一批次的猪，实行同批同时进、同时出的管理制度，每个流程结束后，猪舍进行全封闭、彻底的清洁和消毒，待干燥后，再开始转进下一批次的猪只。"全进全出"有在小单元间进行的"单元式全进全出"，也有在整个猪舍间进行的"猪舍全进全出"，如母猪分娩哺乳阶段常采用"单元式全进全出"，育肥阶段常采用"猪舍全进全出"，但无论何种类型，都要求各阶段间要紧密结合，按计划、有节奏地进行。

在生产实践中，空怀、妊娠母猪在生产上要实行"全进全出"比较困难，目前许多猪场还只能做到分娩哺乳、保育、育肥等几个阶段的"全进全出"。

（二）全进全出饲养工艺特点

1.疫病防控的有效手段

在传统的饲养工艺条件下，在猪舍内有猪的情况下，难以对猪舍进行彻底的清洗、消毒，在采用"全进全出"饲养工艺时，可将小单元舍或整栋猪舍内的猪全部转出去以后，对该单元舍或整栋猪舍进行完全、彻底的清洗消毒，从而减少猪群疾病在不同批次和不同猪群间的传播，减少发病率。

2.提高生产效率的有效方式

"全进全出"饲养工艺，将同一批次、处于同一生长发育阶段的猪饲养在该阶段的饲养单元舍或猪舍内，有助于统一进行接种疫苗、驱虫、去势等日常工作，便于饲养员组织生产，减少饲养管理工作量，降低管理协调难度，提高生产效率。

3.提高生产效益的有效途径

采用"全进全出"饲养工艺，一方面在生猪的营养提供和环境调控上可体现差异化，可实现对不同阶段的猪实施更精细的饲养管理，达到提高生产效率的目的；另一方面该工艺减少了猪群疾病的发生，降低了药物费用，降低了生产成本，是提高猪场效益的有效途径。

（三）"全进全出"管理关键技术

1.同期发情

为了做到一个单元内猪群在一周内集中产仔、全进全出，必须使一定数量的待配母猪集中发情配种。生产中控制母猪同期发情主要通过控制母猪断奶时间来实现，母猪的断奶时间有较大的变动范围，仔猪的断奶日龄可由3周龄到5周龄，这样就可能使一组产仔相差1～2周的母猪在相同的时间内断奶。母猪断奶后一般在3～7天相继发情。此外通过激素处理也可达到母猪同期发情的目的。

2.人工授精

人工授精技术一方面可以减轻母猪发情集中时的配种工作量，确保同期发情母猪能适时配种，另一方面，人工授精技术还可减少公猪饲养数量，减少疾病传播，提高受胎率。目前猪场多采用鲜精输精，根据生产工艺确定的每个繁殖节律的配种计划，采集公猪精液，并根据精子密度计算稀释倍数，稀释后进行人工授精。目前人工授精所用精液剂量要求为80～100毫升，且稀释后每剂量精液中含直线运动精子数大于25亿（地方品种大于10亿），稀释精液活力大于60%、精子畸形率小于20%。

3.超声波妊娠检查

一般母猪配种后经过一个发情周期后不再有发情表现时可基本判断为该母猪已经妊娠。但母猪配种后不再发情的原因较多，不发情并不能完全肯定为已受孕妊娠。检查母猪是否妊娠的方法很多，目前主要是通过超声波仪进行快速的妊娠诊断，通过超声仪扫描得到的图像，判断是否妊娠。

4.圈舍彻底消毒

"全进全出"饲养工艺的一个主要优点在于能对猪舍进行彻底的清洗消毒，能有效地切断病菌在猪群不同批次间的传播，有效减少疫病的发生。圈舍的彻底消毒，一般包括圈舍清扫、洗净、消毒、干燥、再消毒、再干燥等步骤，并根据猪场及周边疫病情况，选择不同的消毒液、消毒方式与消毒程序，对猪舍进行全方位的彻底消毒。

5."全进全出"工艺流程

"全进全出"工艺流程根据养殖者的意愿、资金、养殖场规模、养殖技术水平等因素可以分为不同的工艺流程，目前在生猪养殖中比较常用的"全进全出"工艺主要分为以下几种。

（1）三阶段"全进全出"。三阶段"全进全出"饲养工艺包括空怀妊娠阶段、分娩哺乳阶段和生长肥育阶段。三阶段"全进全出"在阶段划分上比较粗，它常适用于规模较小的养猪场，其特点是流程简单、转群次数最少，猪舍类型相对较少，不足之处在于猪群的管理不够细，针对性不够强，不能将各阶段猪群的生产潜力充分发挥出来。

（2）四阶段"全进全出"。四阶段"全进全出"饲养工艺是在三段饲养工艺中，将仔猪保育阶段独立出来。该流程将各阶段处于同一繁殖节律的猪只，分别置于空怀妊娠猪舍、分娩哺乳猪舍、断奶仔猪培育舍和育肥猪舍内，进行"全进全出"的饲养管理。

（3）五阶段"全进全出"。五阶段"全进全出"饲养工艺有两种类型。一种是在四阶段的基础上，在保育阶段和育肥阶段中间增加育成阶段；另一种是在四阶段的基础上，把空怀待配母猪和妊娠母猪单独分开。五阶段"全进全出"工艺分别将各阶段处于同一繁殖节律的猪只，分别置于相应猪舍的饲养单元内，进行"全进全出"管理饲养。两种工艺相比较，前一种能最大限度地满足生猪生长发育不同阶段对饲料营养、生长环境的不同需要，充分发挥其各阶段的生长潜力，提高后期效率。后一种工艺中把空怀待配母猪和妊娠母猪分开，单独组群，有利于断奶母猪断奶后恢复体况，易于集中发情鉴定与适时输精配种，提高繁殖率。与四阶段相比，五阶段的不足之处在于增加了转群次数，一方面饲养人员因转群增加了工作强度，另一方面转群次数增加也造成了猪只产生应激反应的风险。

（4）六阶段"全进全出"。六阶段"全进全出"饲养工艺可以理解为同时采用了五阶段饲养的两种工艺，在四阶段"全进全出"饲养流程的基础上，把空怀待配母猪与妊娠母猪区分开来，单独进行组群饲养，并同时在保育与育肥两个阶段中间增加一个育成阶段，一般幼猪在该阶段饲养体重达到35千克以后再转入大猪育肥阶段。六阶段饲养包括了五阶段饲养的两种工艺，集中了其优点，但同时六阶段饲养也在五阶段饲养的基础上增加了1次转群，养殖人员的劳动量、工作负担增加，猪只发生应激反应的风险也随之增大。

三、发酵床养猪技术

（一）发酵床养猪技术概念

发酵床养猪技术是指用农林业生产的下脚料如锯末、稻壳、秸秆等，混合一定数量的微生物制剂，制成发酵床。将猪饲养在发酵床上面，利用微生物发酵迅速降解、消化猪只排出的粪尿，从而达到免冲洗猪圈、粪污零排放，实现生态、环保、健康养猪的一项新技术。目前社会上叫法比较多，常见的有"自然养猪法""生态养猪法""环保养猪法""懒汉养猪法"等。

（二）发酵床养猪技术特点

1.发酵床养猪技术的原理

发酵床养猪是在养猪圈舍内利用农林业生产的下脚料如锯末、稻壳、秸秆等，混合一定数量的微生物菌种如乳酸菌、酵母菌、芽孢杆菌、放线菌、光合菌等，制成发酵床进行养猪。微生物活动和繁殖需要碳素和氮素。垫料中的农林业下脚料主要为微生物活动提供碳素，猪粪尿为微生物活动提供氮素，通过微生物发酵，使猪粪、尿中的有机物质得到充分的分解和转化，实现养猪粪污零排放。微生物在发酵过程中产生的热量，可以保持垫料和猪舍的温度，杀死垫料中不利于生猪生长的多数病原微生物和霉菌；微生物代谢产生的细菌素、溶菌酶、过氧化氢等，可以抑制许多细菌和病原菌的生长；猪只不断拱食垫料，有益菌进入肠道内代谢产生的多种消化酶、氨基酸、维生素及多糖产物等，可增强机体免疫功能，促进生猪的生长发育。

2.发酵床养猪技术的优点

（1）环保效益显著。采用发酵床技术养猪，发酵床中的有益微生物能够迅速有效地降解、消化猪的粪尿排泄物，不再有任何粪污排出场外，真正达到养猪粪污零排放的目的。

（2）冬季养猪效果十分明显。冬季采用发酵床养猪，猪只都喜欢趴卧在温暖的垫料上，可以提高饲料报酬，促进生长发育，降低发病率。

（3）改善猪舍环境。发酵床猪舍为开放式，使猪舍通风透气、阳光普照、温湿度均适合于猪的生长。猪粪尿在发酵床菌种的作用下迅速分解，猪舍里不会臭气冲天和苍蝇滋生。

（4）提高猪肉品质。在垫料上饲养，猪只十分舒适，活动量增大，恢复其自然生活特性。猪生长发育健康，几乎没有猪病发生，可不用抗生素等药物，提高了猪肉品质。

（5）变废为宝。垫料在使用3～5年后，形成可直接用于果树、农作物的生物有机肥，达到循环利用、变废为宝的效果。

3.发酵床养猪技术存在的问题

发酵床养猪是一项新技术，具有明显的技术优势，但还存在一些问题。

（1）饲养成本高。增加的饲养成本来自垫料原料和微生物菌种的投入。试验证明效果最好、使用最多的垫料原料组合是谷壳+锯末，随着该技术的大规模推广，加上社会上生物发电厂的兴起，锯末、谷壳等原料需要量大增，供应出现紧张，价格逐年上涨。

（2）菌种的适应性问题。同一个菌种在不同地区的适应性有差异，虽然国内许多单位筛选、培养、开发出了一些菌种，但应用效果不一，有些需要在养猪过程中经常添加，使用量加大增加了垫料成本。

（3）夏季饲养效果差。由于微生物发酵过程产生热量，夏季舍内温度较高，不利于猪只生长发育，效果不如传统养猪。

（4）单位面积承载量限制。由于发酵床养猪的饲养密度不能太大，否则易导致微生物发酵不充分，粪尿分解不完全，应用效果不理想，因此发酵床养猪较传统养猪需要的土地和猪舍面积要大。

总之，发酵床养猪技术最突出的优点是社会环保效益和冬季养猪效果，最明显的缺点是饲养成本上升和夏季温度偏高；最成熟的饲养阶段是保育猪，其次是育肥前期、育肥后期、母猪；最适合的季节是冬季，其次是春秋季、夏季。因此，各地在推广应用这项养猪新技术时，需要结合当地气候、垫料资源等条件的合理使用。

（三）发酵床养猪关键技术

1.垫料原料的选择原则

可以用于制作发酵床垫料的原料有很多，如锯末、木屑、稻壳、花生壳、玉米秸、棉花秸秆、甘蔗渣、畜禽粪便等。我国地域广阔，不同地区的农业和林业资源不同，因此各地可以根据当地自然资源优势，合理选择垫料原料，但要注意遵循以下几条原则。

（1）垫料要有一定惰性，不易被分解。供碳能力均衡持久的原料，垫料利用时间就长。

（2）垫料要有一定的透气性。垫料微生物发酵以好氧发酵方式为主，虽然厌氧发酵和好氧发酵都可以分解粪尿，但好氧发酵的分解效率是厌氧发酵的10多倍，相对比较疏松的垫料，有利于发酵微生物的活动和繁殖，加快粪尿的分解。

（3）垫料要有一定的吸水性。垫料中的水分能够影响发酵效率，水分含量不宜过多或过少，一般要求垫料的含水量为60%左右。

（4）垫料要有一定的硬度或刚性，不至于轻易板结。垫料板结后会影响发酵，并且容易导致垫料腐烂。

（5）垫料的碳氮比要大于25∶1。一般来说，微生物繁殖所需的最佳碳氮比为25∶1，由于猪粪的碳氮比为12.5∶1，是提供氮素的主要原料，而且养猪过程粪尿持续产生，因此垫料原料的碳氮比越高，垫料的使用时间就越长。

（6）选用的所有垫料原料都必须新鲜、无毒、无霉变、不含化学防腐剂等，不得影响微生物发酵。

（7）充分利用锯末。锯末有许多不可替代的独特性能，如细度较均匀、纤维素半纤维素含量高、吸水性好、透气性好、耐分解力强等，是制作垫料的最佳原料之一。但是必须保证锯末的来源清楚，使用无毒、无霉变、新鲜的干锯末，坚决不能使用经防腐处理的板材生产的锯末。

2.常用的垫料原料组合

目前生产中最常用、效果最确实的垫料原料组合仍为锯末+稻壳，其次还有：锯末+玉米秸、锯末+麦秸、锯末+棉花秸、锯末+稻壳+米糠、锯末+玉米秸+花生、锯末+稻壳+玉米秸+花生壳、锯末+稻壳+玉米秸+棉花秸和树枝粉+玉米秸+花生壳+玉米芯。

3.微生物发酵菌种的选择

微生物发酵菌种可以自己从落叶、田间秸秆上采集制作，以降低生产成本，但效果差异很大。建议初次使用该技术的规模猪场以及广大中小养猪场户，最好还是选择效果确实的专业单位制作的成品菌种。在选购成品菌种时需注意以下几点。

（1）选择正规单位生产的菌种。养殖场户在选购垫料发酵菌种时，注意选用正规单位生产的、发酵功能强、速度快、性价比高的成品菌种。

（2）发酵菌种包装要规范。一般正规单位生产的成品菌种包装印刷都比较规范，有详细的产品使用说明或技术手册，有主要成分介绍，有生产单位名称和服务联系电话。

（3）发酵菌种要色正味纯。成品发酵菌种应是经过纯化处理的多种微生物的复合菌种并非单一菌种。但仍然要颜色纯正，无异样味道。

（4）要注重使用效果。养殖场户在选用成品发酵菌种时，一定要多方了解，选择适宜当地养猪的菌种，多与已经使用该菌种的养殖场户交流，确认其使用效果。

4.发酵床垫料的制作步骤

（1）制作发酵床材料的准备。制作发酵床的材料包括垫料原料（如锯末、谷壳等）、菌种、辅料（如米糠、玉米面等）。垫料原料的用量根据发酵床制作面积和垫料厚度计算，原料使用比例可均分，也可根据当地资源优势适当调整。菌种和辅料用量根据成品菌种的使用说明添加。

（2）预混合微生物发酵菌。按每20平方米垫料使用2千克微生物发酵菌（按购买菌种的实际使用说明量为准），加入20千克麸皮或米糠，充分混合均匀。

（3）原料混合。将垫料原料和预混合微生物发酵菌搅拌均匀，并在搅拌过程中根据原料的湿度适当喷洒洁净水，使垫料水分为50%～60%。判断含水量的简易方法是在现场制作时，用手抓一把垫料，垫料可成团，指缝无水渗出，松手即散，手上有水的感觉即可。

（4）堆积发酵。将混合均匀的垫料堆积成圆形或梯形，并用编织袋或草苫子等保温、透气的材料覆盖在上面让其发酵，不可用不透气的塑料薄膜覆盖。一般冬天需要发酵10～15天，夏天5～7天即可。

（5）温度监测。从发酵的第2天开始，在不同角度的3个点约20厘米深处测量发酵温度，并做好记录。一般情况下第2天垫料的温度应上升到40～50℃，第4～7天温度可达60～70℃，随着垫料中添加的麸皮或米糠等营养消耗，发酵温度不断下降，逐渐趋于稳定，则表明垫料发酵已成熟。

（6）垫料使用。将发酵好的垫料摊开铺平，气味清爽，没有恶臭味，上面再填充10厘米左右未经发酵的垫料原料（如锯末、谷壳等），然后停留24小时即可进猪使用。

（7）玉米秸秆的利用。为了降低垫料成本，减少价格较高的谷壳和锯末的用量，可在垫料池的底部铺设一层20～30厘米晒干的整株玉米秸，发酵效果不受影响，但要求玉米秸不能发霉变黑。

5. 垫料制作的关键点

（1）原料搭配要符合原料选择原则，原料混合要均匀。制作量较大的垫料，尽量选择大场地搅拌垫料，可以使用铲车、搅拌机、挖掘机等机械。在猪舍内制作小量垫料，可以人工混合，但必须混合3次以上，达到混合均匀的要求。

（2）目前市场上微生物发酵菌生产厂家有很多，菌种选择不可贪图便宜，一定要选择规模较大、信誉较好、使用效果理想的发酵菌。

（3）根据垫料原料的湿度，用洁净水补充水分至50%～60%，水分含量过低或过高都会影响发酵效果，特别要注意水分不得过高。制作垫料的用水必须洁净卫生，如自来水，不得用池塘水。

（4）一定要注意监测第二天的垫料温度是否达到40~50℃，否则会影响发酵效果。一般考虑是否由以下原因造成：垫料原料是否符合要求、搭配比例是否合适、混合是否均匀、发酵菌使用量是否足够、水分含量水分符合等。

（5）垫料要发酵成熟后使用。发酵成熟的垫料，其气味应清爽，无恶臭。否则，说明发酵仍不成熟，需进一步发酵成熟后方可使用。

6.发酵床的维护与管理

要改变发酵床养猪是懒汉养猪的错误观念，在使用发酵床养猪过程中，必须及时做好发酵床的维护和管理，保证发酵床的使用寿命和猪的健康生长。发酵床维护与管理的要点包括温度、湿度、松软、均匀、密度、厚度等。

（1）垫料厚度的维护。夏天初建的垫料厚度不能太厚，进猪一段时间后，猪只踏实变浅了，可酌情补充垫料。进入初冬和冬季后，慢慢再添加垫料，最终使垫料的厚度达到规定要求，如南方60~80厘米，北方80~100厘米。对于一些最低温度低于零下10℃的地方，垫料厚度应适当增加，使用效果会更好。

（2）垫料的补充管理。发酵床一般不需要频繁地补充新垫料。以初建时垫料厚度为60厘米的养殖育肥猪为例，一般第一次补充新垫料的时间为第四个月，补充的厚度为8~10厘米，以后每3~4个月补充一次，最好选择在每批猪出栏后进行。具体实践中的操作，以养殖场实际情况为准。

由于发酵床垫料消耗很少，当发现表面呈细黑土状时可以铲出上层5~10厘米原有垫料，再补充铲出垫料厚度的120%即可（例如铲出了10厘米，补充新垫料12厘米即可），补充新垫料后要适当喷洒发酵菌液。

（3）垫料的含水量管理。上层垫料由于一直接触空气，与空气的含水量、光照影响很大，表层垫料一般要求保持微微的湿润，含水量一般为30%左右。实际简易测量方法是：手抓一把表层垫料，对着垫料轻轻吹口气，如果不扬尘，说明不需要补水；如果垫料扬尘，说明过干，需要对垫料进行补水。

补水最好将发酵菌用水适当稀释后作为补充水，稀释倍数灵活掌握。当垫料分解弱，感觉有氨味或异味时，稀释浓度大一些，增加垫料中的菌种数量。补水量以使垫料表面2厘米湿润即可，补水的同时，实际上是补充了菌种，也保持垫料中充分的菌种活力。补水不是定时、定量、定点的，而是根据实际情况针对不同时间、所需要的补水量、需要补充的区域灵活决定。

如果发现垫料过于湿润，则可以采取对垫料进行翻挖并开窗透气一定的时间，让湿气挥发，或补充少量干燥垫料吸附过多的水分。

（4）垫料的翻挖管理。发酵床不需要全部天天翻挖，每间隔15～20天深层翻挖一次即可。但需要每天观察垫料使用状况，将过于集中的猪粪先打碎分散开来，再掩埋到垫料10厘米下层，并对一些局部看起来有些板结的地方进行简单翻挖。垫料的翻挖可以采用人工翻挖，大面积垫料最好采用机械翻挖，提高工作效率。

（5）垫料的更换管理。更换垫料的原则是只有在垫料分解粪尿活力明显下降的情况下才进行更换，如明显感觉到粪便的分解消失情况不如以前，猪舍中臭味比较大了，即使补充活力发酵床复合菌液、翻挖垫料，也无法改善这种状况，就有必要进行垫料的更换了。

垫料的使用寿命和更换的频率由多种因素决定，例如，垫料原料组合情况、原料的惰性、饲养密度的大小、垫料日常管理的好坏等。一般锯末+稻壳组合的垫料，只要饲养密度适中、维护管理良好，使用年限应在3年以上。

（6）猪出栏后的垫料管理。

①将垫料进行一次深层翻挖，并打散成块的垫料。如果上批猪出现过比较重大的病情，如严重腹泻和传染性疾病等，则必须在翻挖打散的同时，使用高效消毒剂进行表面层喷雾消毒，并放置干燥至少3天。

②如果垫料消耗较多，需要进行适当的补充。补充新垫料时，垫料原料和菌种用量和垫料制作方法相同。

③将新旧垫料混合均匀，堆积成圆锥形或梯形，使其发酵至成熟，杀死病原微生物，方法同新垫料酵熟技术相同。

④如果必要，其间可对发酵床围栏四周、栏杆、食槽、硬化地面、过道、饮水槽、屋顶进行全面消毒。

⑤进猪前1～2天，将发酵成熟的垫料摊平在垫料区，上面填充10厘米左右未经发酵的垫料原料（如锯末、谷壳等），停留24小时后即可进下一批猪饲养。

第二章　肉牛养殖管理实用技术

第一节 肉牛主要品种及生长发育规律

一、肉牛主要品种

目前，主要有10个饲养系列品种，即秦川牛、鲁西牛、南阳牛、晋南牛、西门塔尔牛、利木赞牛、（黑白花）荷斯坦牛、夏洛莱牛、蒙杂牛、和牛（包括和杂牛）。下面从经济学价值的角度将这10个品系牛种进行介绍。

（一）高档牛肉品种

以生产高档部位肉为主要饲养目的的肉牛系列品种有秦川牛、鲁西牛、南阳牛、晋南牛、和牛。这类牛育肥后专供大、中型屠宰加工厂，屠宰后产品面向各大高、中级宾馆、饭店、外国使馆，主要用于涮、烤、煎、炒。

饲养高档肉牛系列品种的主要优点：育肥时间短（一般3～5个月），育肥后销售渠道畅通，屠宰后高档肉出成率高。主要缺点是：饲养成本高，精料耗费量高，料肉比高；牛源紧张，环境适应能力差。

1.秦川牛

秦川牛是中国著名的地方役肉兼用牛品种，产于陕西关中地区，总数约70万头。以该省的渭南、临潼、蒲城、富平、大荔、咸阳、兴平、乾县、礼县、泾阳、三原、高陵、武功、扶风、岐山等15个县市为主产区。临近省份也有少量分布和引种。该品种牛体格高大，骨骼粗壮，肌肉丰满，体质强健。角短而钝，多向外下方或后方稍弯。头方肩斜，胸宽深，背腰平直，腹围圆大，荐骨部稍隆起，尻部长短适中，多斜尻，臀部略窄。四肢粗壮结实，蹄形圆大，蹄叉紧。公牛头较大，颈短粗，鬐甲高而宽，有发达的垂皮；母牛头清秀，颈厚薄适中，甲低而窄。毛色为紫红、红、黄色3种，以紫红色个体最受欢迎。鼻镜多为肉红色，亦有黑、灰、黑斑等杂色者；角呈肉色，蹄壳黑红。

2.鲁西黄牛

鲁西黄牛是中国中原四大牛种之一，以优质育肥性能著称。原产于山东省西部黄河以南，黄河故道以北、运河以西的广大地区，济宁、菏泽两地为中心产区。鲁南、鲁北、河南东部、河北南部、江苏、安徽北部也有分布。

鲁西黄牛体躯高大而略短，外形细致紧凑，骨骼细，肌肉发达，前躯较宽深，背腰宽平，体呈长方形。前肢呈正肢势，后肢弯曲度小，飞节间距离小，蹄大而圆，蹄叉紧，蹄质致密但硬度较差。尾细而长，尾梢毛常扭成纺锤体。公牛多为平角或龙门角，垂皮发达。头短而宽，鼻骨稍隆起，颈短粗呈弓形，肩峰高而宽厚，后躯发育较差，尻部肌肉欠丰满。母牛以龙门角为主，头稍窄而长，颈细长，垂皮较小，鬐甲低平，后躯宽阔，腰平直，尻部稍倾斜，肌肉发达。毛色从浅黄到棕红色，以红黄、浅黄色较多。一般前躯毛色深于后躯，多数牛的眼圈、口轮、腹下和四肢内侧毛色淡。鼻镜多为淡肉色，少数有大小不等的黑斑，角蜡黄或琥珀色，蹄壳多棕色或白色。

3.南阳牛

南阳牛是中国地方良种黄牛中体格最大的品种。原产于河南省西南部的南阳地区，分山地型和平原型两种。山地牛多分布于伏牛山南北及桐柏山附近的新野、泌阳、方城等县；平原牛主要产于唐河、白河流域的广大平原地区。许昌、周口、驻马店等地区也有较多分布。传统上按体型大小可分为高脚牛、矮脚牛两种类型。

南阳牛属大型役肉兼用品种。该品种体格高大，结构坚实紧凑，肌肉丰满，发育匀称，皮薄毛细。角形为萝卜状，角基多可活动。肩部宽厚，鬐甲隆起，胸部宽深，肋骨明显，背腰平直，荐尾略高，尾细长。四肢坚实，肢势端正，肢高，蹄形圆大，蹄质坚实。公牛头部方正雄壮，额微凹，脸部细长，颈短粗，前躯发达。母牛头清秀、中后躯发育良好。毛色多为黄红、黄、米黄、草白等色，面部、腹部和四肢下部色浅。鼻镜肉红色。蹄壳以琥珀色、蜡黄色居多。

4.晋南牛

晋南牛也是中国四大地方良种之一。产于山西省西南部汾河下游的晋南盆地。主要分布于运城、临汾部分县市，其中万荣、河津、临猗的数量最多，质量也最好。

晋南牛体型高大，体质结实。公牛头中等长，顺风角，额部宽，颈短粗，背腰一直，臀端较窄。蹄大而圆，蹄质致密，母牛头部清秀，乳房发育不良，乳头细小。被毛以红色和枣红色为主，鼻镜和蹄壳为粉红色。

5.和牛

和牛是日本从1956年起改良牛中最成功的品种之一，是从雷天号西门塔尔种公牛的改良后裔中选育而成的，是全世界公认的最优秀的优良肉用牛品种。特点是，生长快、成熟早、肉质好。第七、第八肋间眼肌面积达52平方厘米。日本著名和牛有：近畿地方→近江牛、神户牛（兵库县）、但马牛（兵库县）、松坂牛（三重县）；中部地区→飞镖牛（岐阜县）；九州地区→宫崎牛（宫崎县）、佐贺牛（佐贺县）；东北地区→米泽牛（山形县）。

（二）中（高）档牛肉品种

以生产中（高）档部位肉为主要饲养目的的改良牛系列品种，育肥后专供中、小型屠宰加工厂；屠宰后产品面向全国各中等及中等以下的宾馆、饭店或肉类加工厂，产品主要用于涮、烤、煎、炒。品种有西门塔尔牛、利木赞牛、荷斯坦牛、夏洛莱牛。

饲养改良牛系列品种的主要优点：牛源广，养殖成本适中，环境适应性强，抗病能力强，育肥后产品销售渠道广阔。主要缺点：屠宰后高档肉出成率低。

1.西门塔尔牛

西门塔尔牛原产于瑞士西部的阿尔卑斯山区，以西门塔尔平原产的牛最为出色而得名。在世界分布极广，由于该牛在产乳性能上被列为高产的乳牛品种，在产肉性能上并不比专门化的肉用品种逊色，生长速度也较快。因此，成为世界各国的主要引种对象。

西门塔尔牛在我国分布于黑龙江、吉林、内蒙古自治区、河北、山西、河南等22个省区。全国共有纯种3万余头，各代杂种牛近千万头。西门塔尔牛体型大，骨骼粗壮。头大额宽。公牛角左右平伸，母牛角多向前上方弯曲。颈短，胸部宽深。背腰长且宽直，肋骨开张，尻宽平，四肢结实，乳房发育良好。被毛黄白或红白花，少数黄眼圈，头、胸、腹下、四肢下部和尾尖多为白色。

2.利木赞牛

利木赞牛原产于法国中部地区的利木赞高原，是欧洲重要的大型肉牛品种。头短额宽，公牛角粗短，向双侧伸展，母牛角细，向前弯曲。肩峰隆起，体躯长且宽，肋骨开张，背腰宽且平直，臀部肌肉发达，肩部宽大，略斜。被毛黄褐色，四肢内侧及尾尖浅，角为白色，蹄为红褐色。初生重为35～36千克。成年公牛体重为950～1 200千克，体高140厘米；母牛体重600～800千克，体高130厘米。

该品种产肉性能好，6月龄可达250～300千克，平均日增重1.494千克，8月龄可生产出大理石纹牛肉；屠宰率一般为63%～70%，瘦肉率80%～85%。肉品质好，细嫩味美，脂肪少，瘦肉多。

3.荷斯坦牛

荷斯坦牛又称黑白花牛，是世界上最主要的乳牛品种，原产于荷兰北部的西佛里斯兰省。由于乳用性能好，适应性强，故被世界各国广泛引进留做种用。我国是在20世纪70年代引进的，经过30多年的风土驯化和系统繁育，逐渐培育出带有中国特色的黑白花奶牛。随着国际交往的日益增加，为了适应国际科技活动和贸易往来的需要，于1992年年底将"中国黑白花奶牛"品种名更改为"中国荷斯坦牛"。

中国荷斯坦牛是由美国、加拿大、荷兰、日本、德国等引进的黑白花纯种公牛，长期与全国各地的本地黄牛杂交，其后代又相互交配、选择培育，亦有部分荷兰纯种牛的后裔，经过近百年的历史过程而逐渐形成的乳牛品种。现已遍布全国，主要集中在大中城市附近、工矿区和乳品工业比较发达的地区。

荷斯坦牛体格高大，乳用特征明显，后躯较前躯发达。毛色为黑白相间，花片分明，额部多有白斑，腹底、四肢下部及尾端呈白色。有角，角多由两侧向前、向内弯曲，色蜡黄，角尖黑色。尻部平、方、宽，乳房发良好，整体结构匀称。

4.夏洛莱牛

夏洛莱牛是欧洲重要的大型肉用品种，原产于法国的夏洛莱地区。夏洛莱牛体型大，骨骼粗壮，头小而短宽，嘴端宽正，公牛角粗短，向双侧伸展，母牛角细向前方弯曲。颈短多肉，肩峰隆起，体躯长而宽，肋骨开张，背腰宽，荐部宽而长，后臀肌肉发达，并向后和侧面突出，尻部常出现隆起的肌束，称"双肌牛"，四肢细而强健。公牛鬐甲和凹背者多。毛色白色或乳白色，皮肤及黏膜有肉色色素，蹄色蜡黄。

（三）蒙杂牛

以生产中、低档部位肉为主要饲养目的的蒙杂牛系列品种，育成后产品面向小型屠宰加工厂、个体屠宰点，屠宰后产品适用于酱、炖、煮、烤。

饲养蒙杂牛系列品种的主要优点：牛源广阔，养殖成本低（牛成本低，耗料低），料肉比低；抗病能力强，环境适应性强。主要缺点：屠宰后不出产高档部位肉。

（1）蒙古牛是中国北方分布最广泛的地方牛品种。原产于内蒙古大兴安岭东西两麓，分布于内蒙古自治区（以下简称内蒙古）及相邻的新疆维吾尔自治区（以下简称新疆）、甘肃、宁夏回族自治区（以下简称宁夏）、陕西、山西、河北、辽宁、吉林、黑龙江等省（区）的部分地区。以其中的乌珠穆沁牛、呼伦贝尔牛和西部的安西牛较为出名。终年放牧，体质强健，对严寒、风沙、饥饿具有很强的抵抗能力。主产区规模约300万头。

蒙古牛体格中等大小，体质结实、粗糙。公牛头短宽而粗重；角长，向前上方弯曲，两角间距较近。眼大，颈长短适中。鬐甲低平，垂皮较小。胸窄而深，后肋开张良好。背腰平直，后躯短窄，斜尻，臀较尖。腹大不垂。四肢短而强健，后肢多呈刀状肢势。蹄中等大，蹄质结实。母牛乳房较其他地方黄牛品种发达，乳头小。皮肤较厚，富有韧性，皮下结缔组织发达。秋季被毛多绒毛，毛色多样，以黄褐、红褐色居多，黑色次之，也有其他杂色，角呈蜡黄或青紫色。

按产地自然条件可分为森林型、草原型和半荒漠型。其中乌珠穆沁牛是草原型最大者，安西牛为半荒漠型中体型最大者。

（2）草原红牛是较早育成的乳肉兼用牛种之一，是以乳肉兼用的短角牛与蒙古牛长期杂交而育成。核心群主要分布在吉林省通榆县三家子种牛繁殖场。

草原红牛头清秀，角细短，向上方弯曲，蜡黄色，有的无角。颈肩结合良好，胸宽深，背腰平直，后躯欠发达。四肢端正，蹄质结实。乳房发育良好。毛色以紫红色为主，红色为次，其余有沙毛，少数个体胸、腹、乳房部为白色。尾帚有白色。在放牧加补饲的条件下，平均产奶量为1 800～2 000千克。在短期育肥的条件下，3.5岁犊牛于1 499.5千克时屠宰，冷屠重263.9千克，屠宰率52.7%，净肉重221.2千克，净肉率44.2%，眼肌面积63.2平方厘米。

草原红牛早春出生的牛发育较好，14～16个月龄即发情，夏季出生的牛要达到20月龄才发情，但一般为18月龄。发情周期在吉林为21.2天，在内蒙古为20.1天。母牛一般于4月份开始发情。妊娠期平均283天。

（3）科尔沁牛是用中国西门塔尔牛改良蒙古牛，在科尔沁地区形成的草原类型，是从二三代改良牛中选育而成，有30多年的育种历史，为适应内蒙古自治区通辽市自然经济特点的兼用品种。科尔沁牛吸收了父本牛的特点，产乳和产肉性能较高，又具有蒙古牛适应性强，耐粗饲，耐寒，抗病力强，易于放牧等优良特点。

科尔沁牛体型近似西门塔尔牛，毛色为黄（红）白花，白头，体格粗壮，体质结实。初生重较大，公犊为41.8千克，母犊为38.1千克。在粗放条件下，生长发育不能达到应有性能，母牛只能达到444千克，但在良好的饲养条件下生长潜力很大。科尔沁牛母牛280天产奶3 200千克，乳脂率4.17%，高产牛达4 643千克，在自然放牧条件下120天产奶1 256千克。

科尔沁牛在常年放牧加短期补饲条件下，18月龄的屠宰率为53.34%，36月龄时达57.33%；其净肉率分别为41.93%和47.57%。经短期强度育肥，屠宰前活重达到576千克时，屠宰率为61.7%，净肉率为51.9%。在肉质的大理石花纹的品质上，科尔沁牛一级肉比例占到53.3%。

科尔沁母牛一般7～8月龄性成熟，18～20个月龄开始配种，小公牛6～7月龄性成熟，10～12月龄有配种能力。母牛性周期一般为18～21天，发情持续期平均为24.1小时，怀孕期283.7天，平均产犊间隔为431.6天。

二、牛的消化系统构造特点和生长发育规律

（一）牛的采食习性和消化特点

1.消化系统的构造

（1）口腔。牛没有上切齿和犬齿，牛采食的时候，依靠上颌的坚韧肉质齿板和下颌的切齿，以及唇、舌的协同动作完成。

牛的唇相对来说很不灵活，然而，当采食青草或小颗粒饮料时，唇就成为重要的采食器官。

牛的口腔有5个成对的腺体和3个单一腺体，前者包括腮腺、颌下腺、臼齿腺、舌下腺和颊腺；后者包括腭腺、咽腺和唇腺。唾液就是指以上各腺体所分泌液体的混合物。唾液对牛有着特殊重要的生理消化作用。

（2）食道。食道指连接口腔和胃之间的管道，由横纹肌组成。

（3）胃。牛为反刍动物，胃有4个胃室，即瘤胃、网胃（又称蜂巢胃或二胃）、瓣胃（亦称第三胃）和皱胃（又称真胃或第四胃）。其中前3胃又称为前胃，瘤胃、网胃又称为反刍胃。瘤胃的存在是反刍动物的消化生理功能与单胃动物的最大不同，瘤胃中存活有数十种细菌和纤毛原虫，可以对牛食入的饲料进行分解和重加工；瓣胃的生理功能尚未全部搞清，已知是对食糜进一步磨碎，并吸

收有机酸和水分，使进入皱胃的食糜更细。4个胃室中只有第四胃皱胃与单胃动物的胃一样，是唯一含有消化腺的胃室，能分泌消化液，故而称之为真胃。牛胃的容量大，大型牛种成年胃的容量可达到200升。其中瘤胃的容量占总容量的80%。

犊牛的前三胃中有食管沟，包括网胃沟和瓣胃沟，起始于贲门，向下延伸至皱胃。食管沟收缩时呈管状，起着将犊牛吸入的乳汁或其他液体自食管直接引入皱胃的通道作用。食管沟有两种收缩形式，一种是闭合不全的收缩，食管沟两唇仅是缩短变硬，两侧相对形成通道，有30%～40%的液体流经其间进入皱胃；另一种是闭合完全的收缩，两唇内翻，形成密闭管道，摄入的液体有75%～90%可直接流入皱胃。犊牛的摄乳方式对食管沟的闭合性有影响，当吸吮奶头时，乳汁可直接进入皱胃，几乎没有乳汁漏进网胃和瘤胃；但当用桶饮乳时，食管沟闭合不完全，乳汁极易进入网胃和瘤胃。

有些无机盐类有刺激食管沟使其闭合的作用，如食盐、碳酸氢钠等，葡萄糖也有一定的刺激作用，因此在生产中给成年牛投药时，可以借助以上盐类对食管沟的刺激反射作用，使药液直接进入皱胃。

犊牛随着年龄的增长，食管沟的闭合反射机能会逐渐减弱以至消失，但如果一直连续喂奶，则这一机能可保持相当长的时间，白牛肉的生产正是利用了牛的这一生理特点。

（4）肠道。牛的肠道很发达，成年牛消化道长度平均56米，其中小肠长约40米，大结肠10～11米。犊牛刚出生时，肠道占整个消化道的比例达70%～80%（组织相对重量），此时小肠在营养物质的消化吸收方面具有极为重要的作用。新生幼畜小肠的肠黏膜对大分子物质具有高度的通透性，可以吸收完整蛋白质。幼畜所需的免疫物质，都是经由这种直接的吸收作用从母体初乳中获得的。但这种特性为期不长，犊牛、羔羊出生7天后，这种特性就会消失，因此动物出生后及时喂给初乳，对幼畜的健康生长是至关重要的。

肠道的结构和功能会随着牛年龄的增长和食物类型的变化而逐渐发育成熟。小肠的管腔表面布满伸长的绒毛，形成网络系统；绒毛表面还具有细小的微绒毛，极大地扩展了吸收养分的表面积。由于具有复胃和肠道长的原因，食物在牛消化道内存留的时间要较猪、马等单胃动物长，一般7～8天甚至更长时间才能将饲料残余物排尽。因此，牛对食物的消化率比较高，而养分消化率的提高能使生产效率提高。

2.养分消化利用特点

（1）瘤胃消化特点。牛的瘤胃中含有大量的细菌和纤毛虫，据研究，种类达60多种，不仅数量大，种类多，而且会随着牛采食饮料种类的不同而发生变化。瘤胃内每毫升容积中的细菌数多达250亿～500亿个，原生虫数20万～50万个。由于瘤胃中有微生物，牛采食的饲料首先要经过它们的分解利用，因此，便形成了反刍家畜一些独特的消化特点。

（2）瘤胃的发酵调控。瘤胃发酵是反刍动物最为突出的消化生理特点和优势，通过对饲料养分的分解和微生物菌体成分的合成，饲料成分得到改善，为牛提供了必需的能量、蛋白质和部分维生素。然而，瘤胃发酵本身也会造成饲料能量和氨基酸的损失，因此，调控瘤胃发酵的目的，是为了减少发酵过程中营养成分损失，并通过发酵类型的改变，提高日粮的营养价值和牛对饲料的利用率，预防疾病，并提高牛生产产品数量和质量。

（3）真胃和小肠对营养物质的消化。饲料中未被瘤胃微生物分解的蛋白质与微生物一起转移到真胃后，真胃分泌的胃蛋白酶和盐酸将其分解成蛋白胨，进入小肠后再在胰蛋白酶、糜蛋白酶、羧基肽酶及氨基肽酶作用下被进一步分解为肽、氨基酸，最后被肠壁吸收，由血液送至肝脏合成体蛋白。在能量不足的情况下，氨基酸也会被大量用以产生能量。

饲料中未被发酵降解的淀粉进入真胃和小肠后，会被牛自身分泌的消化液分解为葡萄糖，葡萄糖直接被吸收利用，避免了发酵过程的能量损失。从这一点来看，淀粉在真胃和小肠被消化吸收的能量利用率比在瘤胃降解的效率高。脂肪酸、饲料中未被瘤胃破坏的维生素和瘤胃微生物合成的B族维生素也主要在小肠吸收。

3.牛的采食习性

（1）特点。牛采食速度快，匆忙、不细致，食物不经充分咀嚼而只是将其与唾液混合成大小密度适宜的食团后便匆匆咽下，经过一段时间后，吃进的食物又被重新逆呕回口腔进行细嚼，这就是反刍。

（2）采食时间。牛吃下的食物转移慢，需2～7天才能完成一个消化过程。因此每昼夜饲喂的次数不宜太多，以2～3次为宜。但每次喂量要足，让牛一次吃饱，中间不要停顿。牛每次采食一般不到2小时就能吃饱，食后30～60分钟开始反刍，每次反刍40～50分钟。所以牛全天采食时间长，约需8小时；气候的变化以及草原牧草的茂密程度也会影响放牧牛的采食时间。

（3）采食量。牛的采食量与其体重密切相关，犊牛随着体重增加采食量会逐渐增大，但相对采食量（采食量与体重之比）则随体重增加而减少。6月龄犊牛的采食量约为体重的3.0%；12月龄时降至2.8%；500千克体重时则为2.3%。此外，诸如饲料的形态、精料的比例、日粮的营养高低、环境、气候、温度的变化都会对牛采食量有影响。但牛采食量的多少并不保证能满足人们制定的生产指标所需要的养分。因此，在生产中，为了提高养牛生产效率，要进行饲料加工和日粮配合，以达到养牛者预期的目标。

（4）反刍行为。反刍是牛消化食物的一个重要过程，也是牛采食行为的一种继续。反刍时，食物逆呕到口腔，经再咀嚼，然后再被咽回。牛反刍时的咀嚼比采食时的咀嚼细致得多。在对逆呕食团进行再咀嚼过程中，不断有大量唾液混入食团，其唾液分泌量超过采食时的分泌量。唾液分泌有两种生理功能：一是促进食糜形成，有利于食物被消化；二是对瘤胃发酵具有巨大的调控作用。唾液中含有大量盐类，特别是碳酸氢钠和磷酸氢钠，这些盐类担负着缓冲剂的作用，使瘤胃的pH值稳定在6.0～7.0，为瘤胃发酵创造良好条件。同时，唾液中含有大量内源性尿素，对牛蛋白质代谢的均衡调控、提高氮素利用效率起着重要作用。据统计，每头牛每天的唾液分泌量为100～200升，在每个反刍咀嚼期间有时可咽下唾液2～3次。

反刍活动从开始到暂停，进入间歇期，称为一次"反刍周期"。成年牛每天有10～15次反刍周期，所以一昼夜反刍时间7～8小时。一般晚上反刍时间较白天多，约占2/3。牛睡眠时间较短，因此可在夜间放牧或喂饲，也能保证有较多的反刍时间。

（二）肉牛生长发育的一般规律

1.牛生长发育阶段的划分和生长的计算

牛的生长阶段一般划分为胚胎期、哺乳期、幼牛期、青年期和成年期。育种和生产上为了便于管理，根据需要一般对牛初生和出生后6个月龄（半岁）、36个月龄、48个月龄和60个月龄（成年）的体重和体尺进行称测、统计，来计算牛不同时间的生长速度和强度。

2.牛生长发育各阶段的特点

（1）胚胎期。指从受精卵开始至出生为止的时期。胚胎期又可分卵子期、胚胎分化期和胎儿期3个阶段。卵子期指从受精卵形成到11天受精卵与母体子宫发生联系即着床阶段。该期受精卵除依靠自身提供营养外，还通过渗透作用由母体输卵管和子宫摄取，但所需量极微，可以忽略。对于母牛来说，这一时期不需要在饲料中额外特别添加营养。胚胎分化期大约从卵子着床到胚胎60日止。这一时期，胚胎组织器官逐渐分化，但绝对重量很小，55天的胚胎仅10克重。所以，母牛妊娠头2个月，饲料在量上要求不多，而在质上要求较高。胎儿从妊娠2个月开始直到分娩前为止，此期身体各组织器官生长迅速。身体各部位发育的先后顺序为：头→体躯→四肢；四肢下部→四肢上部；先身躯的纵长方向，后宽深方向，最后是后躯。按生长发育强度算，胚胎期前1/3仅占0.5%；胚胎中期1/3占23.7%；胚胎后期1/3时间占75.8%。胚胎期的生长发育直接影响犊牛的初生重，初生重大小与成年体重呈正相关，从而直接影响肉牛的生产力。因此，根据胚胎期的生长发育规律，前半期主要应保证饲料营养的质量，而后半期不仅要保证质量，还要保证数量。

（2）哺乳期。指从牛犊出生到6月龄断乳为止的阶段。这是犊牛对外界条件逐渐适应、各种组织器官功能上逐步完善的时期。该期牛的生长速度和强度都是一生中最快的时期，如瘤胃重量到牛6月龄时增长了31.62倍，皱胃增长了2.85倍。

犊牛哺乳期生长发育所需的营养物质主要靠母乳提供，因而母牛的泌乳量对哺乳犊牛的生长速度影响极大。如在相同的饲养条件下，黑白花奶牛公犊牛断乳时的体重185千克，比安格斯牛的142千克高31%，主要原因就是由于奶牛母牛的产乳量高。一般公犊牛断乳重的变异性，50%～80%受它们母亲产乳量的影响。因此，如果母牛在泌乳期因营养不良和疾病等原因影响了泌乳性能，就会对哺乳犊牛产生不良影响，严重时会使犊牛生长发育受阻，体重增长较慢，而这都会影响肉用牛的生产性能。

（3）幼年期。指犊牛从断奶到性成熟的阶段。此期牛的体形主要向宽深方面发展，后躯发育迅速，骨骼和肌肉生长强烈，性机能开始活动。体重的增长在性成熟前呈加速趋势，绝对增重随年龄增加而增大，体躯结构趋于稳定。该期对肉用牛生产性能的定向培育极为关键，可决定此阶段后的养牛生产方向。

（4）青年期。指从性成熟到体成熟的阶段。这一时间的牛除高度和长度继续增长外，宽度和深度发育较快，特别是宽度的发育最为明显。绝对增重达到高峰，增重速度开始减慢，各部分组织发育完善，体形基本定型，直到达到稳定的成年体重。这段时间是肥育肉牛的最佳时期。

（5）成年期。指从发育成熟到开始衰老阶段。牛体形、体重保持稳定，脂肪沉积能力大大提高，性机能最旺盛，所以公牛配种能力最强；母牛泌乳稳定，可产生初生重较大、品质优良的后代。成年牛已度过最佳肥育时段，所以主要是作为繁殖用牛，而不是肥育用牛。在此以后，牛进入老年期，各种机能开始衰退，生产力下降，生产中一般已无利用价值。大多在经短期肥育后直接屠宰，但肉的品质较差。

3.肉牛生长发育的不平衡性

不平衡是指牛在不同的生长阶段，不同的组织器官生长发育速度不同。某一阶段这一组织的发育快，下一阶段另一器官的生长快。了解这些不平衡的规律，就可以在生产中根据目的的不同利用最快的生长阶段，实现生产效率和经济效益最大化。肉牛生长发育的不平衡主要有以下几方面的表现。

（1）体重增长的不平衡性。表示肉牛生长情况最常用的指标是增重。增重属绝对生长指标，受遗传和饲养两方面因素的影响。增重的遗传力较高，断奶后增重的遗传力为0.5～0.6，是肉牛选种的重要指标。

（2）肌肉、脂肪和骨骼的生长形式。犊牛初生时，骨骼已能负担整个体重，四肢骨的相对长度比成年牛高，以保证出生后能跟随母牛哺乳。所以骨骼在胚胎期生长最旺盛的四肢骨受到影响，其结果犊牛在外形上就表现出四肢短小、关节粗大、体重较轻等缺陷。

（3）组织器官生长发育的不平衡性。各种组织器官生长发育的快慢，依其在生命活动中的重要性而不同，凡对生命有直接、重要影响的组织器官如脑、神经系统、内脏等，在胚胎期中一般出现较早，发育缓慢而结束较晚；而对生命重要性较差的组织器官如脂肪、乳房等，则在胚胎期出现较晚，但生长较快。一般与肉牛生产性能直接相关的肌肉、脂肪等均为发育较迟组织，其生长强度最大时期在犊牛出生之后，如肌肉组织的生长主要集中于8月龄前，初生至8月龄肌肉组织的生长系数为5.8，8～12月龄为1.7，到1.5岁时降为1.2。因此，初生牛犊直接肉用很不经济。

器官的生长发育强度随器官机能变化也有所不同。如消化器官，初生牛犊以乳为食，因此消化系统机能为单胃消化，此时，瘤胃、网胃和瓣胃的结构与机能均不完善，皱胃比瘤胃大一半。随着年龄与饲养条件变化，如食青草、精料等，瘤胃从2～6周龄开始迅速发育，至成年时，瘤胃占整个胃的80%，网胃和瓣胃占12%～13%，而皱胃仅占7%。

（4）补偿生长。幼牛在生长发育的某个阶段，如果营养不足而增重下降，当在后期某个阶段恢复良好营养条件时，其生长速度就会比一般牛快。这种特性称为牛的补偿生长。在某些情况下，后期增重较快的牛甚至会完全补偿以前失掉的增重，达到正常体重。这说明肉牛的特点是生长速度反应在最终体重上，而不是在它的年龄上。

牛在补偿生长期间，饲料的采食量和转化率都会提高。因此，生产上对前期发育不足的幼牛常利用牛的补偿生长特性在后期加强营养水平。部分地区就是利用牛的这一生理特性，确定牛是否出售或屠宰前育肥。但是并不是在任何阶段和任何程度的发育受阻都能进行补偿，而且补偿的程度也因前期发育受阻的阶段和程度而不同。一般在生命早期（胚胎期、3月龄前）的生长发育受阻，很难在下一阶段（4～9月龄）进行补偿生长。在某一组织器官生长强度最大的时期生长发育受阻严重，则该组织器官在后期也很难实现补偿生长或完全的补偿生长。生长发育受阻越轻，则越能实现完全的补偿生长。

（三）影响肉牛生长发育的因素

动物生长发育潜力的高低决定于其遗传基础，而遗传基因潜力的发挥则依赖于动物生长所处的环境条件。也就是说，影响生长发育的因素包括遗传和环境两个方面。遗传因素是内在的、先天的，是由父母双方传递给子代的遗传物质组分在精卵结合的那一刻就已决定的。具体到养牛业上，主要包括品种因素、性别的不同和杂交优势的利用。环境条件则包括饲养管理（日粮的营养水平、饲料组成类型、管理技术与措施）、母体大小、自然条件等。遗传和环境两方面因素都是饲养者可以进行选择、改变或加以调整的。

1.品种

牛的类型按生产方向分为肉用型、乳用型、役用型和兼用型（肉乳兼用型、乳肉兼用型等）。作为肉用品种本身，按体型大小可分为大型品种、中型品种和小型品种；按性成熟期可分为早熟品种和晚熟品种；按脂肪贮积类型又可分为普通型和瘦肉型。一般小型品种的早熟性较好，大型品种则多为晚熟种。我国的黄牛尽管体型不大，但均为晚熟种，属于役用或役肉兼用型。

2.性别

造成公、母犊牛生长发育速度显著不同的原因，是由于雄激素促进公犊生长，而雌激素抑制母犊生长。公犊在性成熟前由于性激素水平较低，生长发育没有明显加快，肌肉增重速度也大于母牛，颈部、肩胛部肌肉群占全部肌肉的比例高于阉牛和母牛，十肋以前的肌肉重量公牛可达55%，而阉牛只有45%；公牛的屠宰率也较高。但脂肪的增重速度以阉牛最快、公牛最慢。

3.杂种优势利用

杂交指不同品种或不同种牛间进行交配繁殖，杂交产生的后代称杂种。不同品种牛之间进行杂交称品种间杂交，人们一般常见的杂交即为该类杂交；不同种间的牛杂交如黄牛配牦牛，则称为种间杂交或远缘杂交。杂交生产的后代往往在生活力、适应性、抗逆性和生产性能等方面比其亲本高，这就是所谓的杂种优势。在数值上，杂种优势指杂种后代与亲本均值相比时的相差值，是以杂种后代和双亲本的群体均值为比较基础的。

4.年龄

牛的生长发育具有不平衡性，不同的组织器官在不同的年龄时段生长发育速度不同。如肉用犊牛生后1～2月龄给予丰富营养，能获得1 000克以上的日增重，3月龄后改为中等营养水平，则日增重降为500克，幼牛就变为腿高而体躯狭长的外形；而如果1～2月龄给予丰富营养，3月龄后仍为高营养水平，则可获得1 200克的日增重，幼牛变为腿中等高、体躯宽深和后躯发育良好。如果3月龄后给予丰富营养，并且逐渐给予大量青贮饲料和优质干草，就能使牛胃肠充分发育，消化机能大为加强。因此，生产上可利用不同营养水平和饲料组合对犊牛进行定向培育。一般生长期饲料条件优厚时增重快，育肥期增重慢；生长期饲料条件贫乏时，会造成牛的生长期营养不足，牛体况较瘦。在舍饲条件下充分肥育时年龄较大的牛采食量较大，会发生一定的补偿生长，增重速度会较低龄牛高。但由于低龄牛的增重主要是由于肌肉、骨骼和内脏器官增长，年龄较大牛的增重主要由于脂肪的沉积，加之低龄牛的维持需要低于大龄牛，所以总体来说，大龄牛的增重效益要低于低龄牛直接育肥。

5.营养

营养对牛生长发育的影响表现在饲料中的营养是否能满足牛的生长发育需要。前已述及，牛对饲料养分的消耗首先用于维持需要，之后多余的养分才被用于生长。因而，饲料中的营养水平越高，则牛摄食日粮中的营养物质用于生长发育所需的数量越多；牛的生长发育越快而饲料中营养不足，则导致牛生长发育速度减慢。然而饲料营养水平的高低不仅影响牛的生长发育速度，还与牛对饲料的利用率呈负相关，即饲料营养水平面愈高，牛对饲料的利用率将下降；饲料中的含脂率提高，将减少牛的日粮采食量；提高日粮的营养水平，则会增加饲养成本等。因此，在肉牛生产实践中，并不是饲养水平在任何情况下都越高越好，而是要从生产目的和经济效益两方面综合考虑。生产实践中，营养条件按营养水平高低分为高、中、低3种类型，肉用犊牛的营养水平如果按高（断奶前）—高（断奶后）型饲养，则体重增长最快；如果按中—高型和高—中型饲养，则最为经济；而中—高型又比高—中型的肥育效果好。同时生产实践中还要考虑当地的饲草料条件和肥育架子牛的来源、饲养方式。

6.饲养管理

对牛生长发育有影响的管理因素很多，有些因素甚至影响程度很大。如寒冷地区在冬季搭建暖棚养牛与无暖棚相比，能使牛的育肥效益得到很大提高。对肉牛生产有较大影响的管理因素有：犊牛的出生季节，牛的饲喂方式和时间、次数，日常的防疫驱虫、光照时间、牛的运动等。

在正常情况下，母牛以冬季产的初生重最大，夏季次之，秋季最小。但出生后的体重增长以秋季产的最快，夏季次之，冬季最小。这主要是与母牛妊娠后期的营养状况及犊牛所处的环境有关。寒冷对肉牛的体重增长不利，一般以5～21℃最适宜。

光照可以使牛神经系统兴奋，提高代谢水平，加强钙、磷的代谢，促进骨骼生长，并且通过神经系统还可以促进生殖腺的生长。不过，肉牛在催肥阶段需要黑暗环境，这样能使其安静休息，加速增重。

运动可以促进各器官机能的发育，增强体质，提高生活力。在集约化生产条件下，保证运动的充足，能使牛胸廓和四肢发育良好。

疾病对牛的损害是显而易见的。寄生虫的存在使公牛处于不健康或亚健康状态。因此，对于肉牛生产来说，除了要制订防疫计划，搞好免疫接种，做好对重大传染性疫病的预防外，饲养的肉牛还应阶段性的进行驱虫，特别是从市场购回架子牛进行集约育肥，或作易地育肥的架子牛，必须在肥育前有针对性地驱除肠道内寄生虫。

7.母体效应

母体大小对犊牛生长发育的影响，是由于牛在胚胎期母体内环境的差异和哺乳期母体泌乳性能和保姆性差异的作用。因此，当不同的父系品种与母系品种进行杂交繁殖时，母体大小对犊牛的发育有明显的母体效应。一般而言，大型母本品种较小型母本品种的犊牛初生重大；成年体重大的品种，犊牛的日增重高；

产奶量高的母本品种或个体，比产奶量低的母本品种或个体的犊牛哺乳期增重快。由于犊牛的初生重、断奶重与后期生长发育速度呈正相关，因而犊牛初生重的大小和断奶重的高低会对牛的肥育性能产生影响。

8.环境气候条件

气候因子包括温度、湿度、光照、海拔、气压、环境污染程度等，它们对牛生长发育的影响主要是造成采食量波动、营养消耗增加和牛体的不适。如高温造成牛采食量减少，气温不适造成牛体营养消耗增加等。一般而言，通过改善饲养设施和加强管理，可减少不利环境对牛生长发育的影响，但人对环境条件的可控制程度是有限的。

第二节　肉用牛的选择技术和原则

牛的体型外貌是家畜一定生产性能的直接表现。如奶牛体型呈楔形，具有发育的泌乳器官；肉牛体型呈长方形或圆筒状，具有宽、深和肌肉丰满的体躯。体型外貌不仅能反映出家畜一定的生产性能，还与发育情况、健康状况、种用价值和经济类型有密切关系。因此，体型外貌是品种的重要特征，是判断牛营养水平和健康状况的依据。不仅种牛需进行外形鉴定，也是肉牛屠宰前质量评定的主要依据。

一、肉牛的体型外貌

（一）肉牛的体型外貌特征

从一般外形上看，肉牛的体型外貌不论从侧望、上望、前望和后望，其体躯均呈明显的矩形或圆筒状。体躯低垂，皮薄骨细，全身肌肉丰满，疏松均匀。

肉用牛的体型外貌，在很大程度上直接反映其产肉性能。肉用牛与其他用途的牛在肉的品质上具有共同的规律：都是背部的牛肉最嫩（包括外脊、里、上脑、眼肉），售价最好，前后腿、肩胛部次之，前胸、尻部、腹部、颈部依次排列。乳用牛和不经育肥的役牛背部和后躯较瘦，着肉量少，优质部位肉的比例较少，售价较低；经强度育肥后，肉用价值明显提高。

（二）肉牛的主要分区部位特征

为了描述和方便研究，将肉牛的整体划分几大区，称分区部位。每个分区部位因生产类型的不同都有特殊的要求。

（1）头部。头部在一定程度上集中了牛的类型特点。其颊部宽度占长度的43%左右。头部与整体相比，分笨重、粗糙、清秀、长、短、宽、窄。

（2）颈部。颈部在正常情况下应占体长的27%~30%。颈部分长、短、粗、窄。公牛在应具备的长度下，表现粗壮，母牛清秀。

（3）鬐甲。在一条线上，宽厚多肉，两肩与胸部接合良好，无凹痕，肌肉丰满。

（4）前胸。在两肋之间表现饱满，肋骨弯曲度大，肋间隙小。

（5）背腰。平直、宽广、多肉。脊柱两侧肌肉非常发达，腹线平宽丰圆，整个中躯呈粗圆筒状。

（6）尻部。理想型是宽长而方正，从骨端略低于腰角。腰角和髋部的宽度十分接近。肉用型牛的尻部应肌肉发达。具有双肌肉特征的牛自尻部到后裆表现尤为突出，牛的髋宽大于腰角宽，肌肉束在后躯明显可见，后裆肌肉饱满、突出，延伸到飞节往后的位置。两腿宽而深厚，腰角钝圆，坐骨端距离宽，厚实多肉。

（7）腹部。腹部应是筒状的，但不能呈下坠状。无论什么品种都应十分发达。

（8）四肢。理想型是站立端正和关节活动灵活，关节清晰，四蹄端正，蹄质光滑，不得有裂缝和折损，系部要矫健。

二、肉牛体型外貌的鉴定方法

肉牛体型外貌的鉴定有3种方法，即肉眼鉴定、评分鉴定、测量鉴定。

1.肉眼鉴定

肉眼鉴定是通过眼看、手摸来判别肉牛生产性能高低的鉴定方法。其简单易行，不需任何仪器和设备，但要有丰富的经验。具体做法是：牛站在比较开阔平坦的地面上，鉴定人员距牛20厘米绕牛一周仔细观察，分析牛的整体结构是否平衡，各部位的发育程度、结合状况以及相互间的比例大小，以得到一个总的印象，然后用手触摸牛体，注意牛体厚度、皮下脂肪多少、肌肉弹性及结实程度，最后对牛做判断决定等级。

2.评分鉴定

评分鉴定是将牛体各部依其重要程度分别给予一定的分数，总分为100。鉴定人员根据外貌要求，分别评分。最后综合各部位评得的分数，即得出该牛的总分数。然后按给分标准，确定外貌等级。

3.测量鉴定

测量鉴定更具有客观性，其必须使用测量工具对牛体各部进行测量，边测量边记录。测量指标包括牛的体尺指数和体重指标。

三、牛的年龄鉴定

牛的年龄与全重、生长速度、肥育效果、牛肉品质、产奶量及配种繁殖效率等有密切关系，因此年龄是评定牛只经济价值和育种价值的重要指标。选牛时，应首先认清年龄，但无出生记录时，就要进行判定，依据牙齿鉴定年龄是最为准确的方法，此外还可依据其他外貌特征进行鉴定。

（一）根据牙齿鉴别年龄

牛共有32对牙齿。其中门齿又称切齿8枚，生于下腭前方（上腭是角质层形成的齿垫，无对应牙齿），第一对叫钳齿，位于下腭中央，第二对叫内中间齿，位于钳齿两侧；依次向外是第三对，称外中间齿；第四对叫隅齿，位于最外边。接着排下来的是臼齿，分前臼齿和后臼齿，每侧上下腭各6枚，共24枚。其齿式排列如表1-2。

表1-2 齿式排列方式

上腭	3	3	0	3	3
下腭	3	3	8	3	3

牛的牙齿，最初生出的是乳齿。乳齿小而洁白，表面平坦，薄而细致，齿间有缝隙，且有明显的齿颈。乳齿只有门齿8枚和前臼齿12枚，共20枚。无后臼齿。一般牛犊出生时已长有乳钳齿，有时还有乳中间齿，3～4月龄时，乳门齿全部长齐。以后从4～5月龄开始，随着年龄的增长，乳齿的齿面依次从中央到两侧逐渐磨损，磨损到一定程度时，乳门齿从钳齿开始向两侧依次脱落，换成永久齿。永久齿外形大，齿冠长且排列整齐，齿间无空隙，色黄，不如乳齿洁白、细致，二者很易辨认。由于牛门齿的发生、脱换和磨损情况与牛年龄密切相关，因此可依据其判断牛的年龄状况。

牛换齿与年龄的关系为：

1.5～2岁，脱换钳齿（1对牙）。

2.5～3岁，脱换内中间齿（2对牙）。

3.5～4岁，脱换外中间齿（3对牙）。

4.5～5岁，脱换隅齿（4对牙也叫齐口）。

5岁以上可根据齿面磨损程度进行年龄鉴定

5岁，第一对门齿（钳齿）磨损。

6岁，第二对门齿（内中间齿）磨损。

7岁，第三对门齿（外中间齿）磨损。

8岁，第四对门齿（隔齿）磨损。

9岁，钳齿凹陷出现齿星，内、外中间齿的磨面磨成近四方形。

10岁，内中间齿凹陷出现齿星。隔齿的珐琅质磨完。全部4对门齿变短，呈正方形，齿间出现空隙。

11～12岁，外中间齿和隔齿出现齿星，钳齿和中间齿的磨面磨成圆形或椭圆形。

13～15岁，全部门齿的珐琅质均已磨完，磨面改变形状略微变长，齿星变成长圆形。

15～18岁，门齿磨至齿龈，齿面磨完，齿间距离很大，门齿已有活动和脱落现象，此时已难准确判断牛的年龄。

以上是根据牙齿判断年龄的大致情况。此外，牛的牙齿变化还与品种、饲料和饲养类型有关。一般早熟的品种，牙齿更换稍早，磨损也快；饲料类型粗硬和以放牧为主的牛，门齿磨损也较快。我国的黄牛品种较晚熟，所以牙齿更换和磨损也较晚。一般推迟约半岁至1岁。

（二）根据外貌鉴别年龄

依据外貌鉴别年龄只是一种辅助手段，因为根据外貌只能识别牛的老幼，而不能判断准确年龄。

一般年轻的牛，被毛光润，皮肤柔润而富有弹性，眼盂饱满，目光明亮，举动活泼有生气。而老年牛皮肤干枯，被毛无光，眼盂凹陷，目光呆滞，行动迟缓。对于有角母牛，还可以根据角轮来判断年龄。角轮的形成是由于母牛在妊娠期间营养不足，在角面形成的一轮凹陷，母牛每分娩一次，角表面即形成一凹轮，所以用角轮数目加2，即约等于牛的实际年龄。加2是因为母牛大多在2岁后配种生产。但这只是一般正常情况，若母牛空怀、流产、患病或营养不平衡时，角轮的深浅、宽窄都会不一样，而且往往界线不清，每年也不止形成一个。因此，通常只计算大而明显的角轮。

第三节　规模化养牛场选择与设计

专业养殖户和规模化养牛场牛棚舍的建设原则是：牛舍应建立在经济适用、便于管理、有利于提高资源利用率的地区，达到降低生产成本，增加经营效益的目的。

一、牛场的选择

一是应建在地势高燥、背风向阳、采光充足、排水良好、场地水源充足且符合饮用水卫生标准的地方。距离交通主干道路500米以上，适当远离铁路、机场、牲畜交易市场、屠宰场等地，远离有传染病威胁和被污染的地方。

二是牛场的周围应设绿化隔离带，排污应遵循减少数量、无害化和资源充分利用的原则。

三是牛场要有长远的规划和安排。为适应规模化、产业化养牛的需要，场址选择上要有发展的余地。

二、牛场布局

1.牛场的主要建筑物

一般牛场都有：牛舍、舍外运动场、饲料加工车间和饲料库、草垛、青贮塔（窖）或氨化池、水塔、兽医室、堆粪场、车库、行政管理区和生活区等。

（1）牛舍。分健康牛舍和病牛舍。我国近年发展起来的肉牛场一般均为育肥牛场，所以这类牛舍只有育肥牛舍一种形式。如果说是自繁自养式的牛场，则应包括各龄段牛舍，如犊牛舍、育成牛舍、母牛舍及产房等。

牛舍应建造在场内生产区的中心，以便于饲养管理。当修建数栋牛舍时，应坐北朝南，采取长轴平行配置方式，以利于采光、防风、保温。牛舍内应有工具室、值班室、饲料室等。

（2）舍外运动场。牛舍前应有动物场，内设自动饮水槽、饲槽和凉棚。

一般育肥牛每头应占面积8～10平方米，成年母牛每头应占10～15平方米。育肥牛应减少运动，饲喂后拴系在运动场上休息，以减少消耗，提高增重。对于繁殖母牛，每天应有充足的运动和日光浴，对于公牛应强制运动，以保证身体健康。

牛场周围应设绿化隔离带。排污应遵循减量化、无害化和资源化的原则。

（3）饲料加工车间、饲料库及草垛。饲料加工车间应设在牛舍中央及塔附近，以距各栋牛舍较近，便于运输为宜。饲料库应尽可能靠近饲料加工车间，车辆能直接到达库门口甚至于进库内，以利于饲料装卸。草垛设在距附近建筑物50米开外的下风向。

（4）青贮塔（窖）、氨化池。设在牛舍两侧附近，便于运送和取用。青贮塔（窖）、氨化池的建设为砖混结构，深3～4米（地上部分不宜超过2米），长方形，长度不一，一端为缓坡，便于机械压实和取草用，容积、数量根据饲养规模而定。

（5）兽医室、病牛舍和贮粪场。应设在牛舍下风向的地势低洼处，兽医室和病牛舍建在牛舍下风处的偏僻处，要求与牛舍相距至少200米开外，以防疾病的传播。兽医室需配备一定的技术人员和器具药品等，用于牛场的疾病预防、卫生监督管理。

（6）行政管理区和职工生活区。行政管理区和职工生活区应设在上风向，靠近牛场大门口处，便于生产管理和防止病原菌传播等。

2.牛场的附属设施

（1）食槽。混凝土制成，高60厘米，宽45厘米，每头牛确保110厘米的食槽。

（2）水槽。可用自动饮水器，也可用装有水龙头的水槽。

（3）遮阳棚。可在牛舍的西、南侧及沿围栏种植遮阳树木或搭凉棚，防日射病或热射病。

（4）更衣室。工作人员入场消毒用。

三、牛舍建筑和要求

牛场内的各种建筑物的布局应本着因地制宜和科学饲养管理的原则，既保证肉牛的生理特点和生长发育，有利于提高劳动效率，又要合理利用土地资源，节约基本建设投资。

（一）牛舍的类型

1.棚舍式育肥场

牛舍呈南北走向，便于冬季保暖，夏季防暑。中间是饲料道，两边是粪道。饲料从北面运入，粪可自粪道运向粪场，即饲料道与粪道不交叉，防止饲料污染，保持清洁卫生，棚舍两侧是拴牛墙，牛下槽后可直接牵到后面的拴牛墙。冬季，棚顶下四周用塑料膜围70厘米，往下1.8米用帆布围起。白天在牵牛时卷起帆布，并清粪。70厘米高的塑料薄膜既挡风又便于透过阳光。这样可提高棚舍内温度10~15℃，该点对保证育肥牛冬季增重十分重要。

顶为层叠式结构，留一条8厘米的缝，便于通风换气，在夏季特别重要，在阳光照射下，棚舍气温升高，热空气自该缝流出，冷空气不断补充，形成对流，可有效降低棚下气温。地面用立砖砌成，牛不会滑倒。牛位宽以1.2米为宜，在该牛舍内育肥肉牛，与普通牛舍相比，年平均增重可提高150克以上。除以上新型牛舍外，常见的肉牛舍建筑形式有单坡式和双坡式两种。

2.露天式育肥场

露天式育肥场适合于资金少，或短期育肥的一种方式，以散养为主。一般按每头牛占地8~12平方米计算，内设有遮阳棚、料槽、运动场，主要适用于3—11月的肉牛饲养。

（二）牛舍的要求

牛舍的建造应符合卫生要求，具有良好的清粪和排尿系统，冬暖夏凉，牛舍的温度、湿度、气流和光照都应满足牛的不同饲养阶段的需求，以降低牛群发生疾病的机会。

肉牛场的大小，要根据每头牛占地（8~12平方米）的面积计算，牛舍的面积一般占场地总面积的15%~20%。具体要求如下。

（1）舍顶。要求选用隔热保温性好的材料，要有一定的厚度，结构简单经久耐用。

（2）墙壁。一般厚度为24厘米或37厘米，表面坚固，保温性能良好。

（3）地面。地面可采用砖或水泥地面，牛床的长度1.7~1.8米，宽1.1~1.2米，前高后低，坡度为1.5%，中间为饲料通道，宽1.3~1.5米。

（4）饲槽。饲槽设在牛舍前面，在高出地面50厘米的地方建造，槽上口宽55～60厘米，槽底宽35～40厘米，槽内缘高30～35厘米，槽外缘高70～80厘米。

（5）门窗。向阳面窗较多（1米×1.2米），背阳面窗较少（0.8米×1.0米），窗台高出地面1.3米，窗的面积与牛舍的占地面积比例为（1∶10）～（1∶15）。

（6）粪尿沟和污水池。粪尿沟应不渗漏，表面光滑。一般宽28～30厘米，坡度为3°～5°，直通舍外污水池。污水池距离牛舍6～8米，容积根据牛的数量而定。

（7）运动场。运动场应设在阳光充足的地方，每头牛占地面积为8～10平方米。

下面以自由散栏式牛舍进行介绍。

自由散栏式牛舍适用于山区尾矿处理场地，采用双坡式屋顶，三角形轻钢屋架，屋面彩钢板，长200米左右，宽30米左右，层高4.5～5米，尖顶牛舍，顶高1.8米，砖混结构，外围墙周长370米左右，建筑面积6 000平方米左右，室内外高差0.15米，室外设坡道。

运动场与牛舍面积比2∶1，为沙石地面，易于排水和粪尿渗入，减少牛肢蹄病的发生，周围栽上乔木遮阳，提高动物福利，加强体质锻炼，较少疾病发生，使牛少生病，长得快，牛肉安全卫生，达到正常生产水平。

第四节　饲料配置与加工调制

一、粗饲料的加工调制和利用

牛是具有反刍能力的草食动物，由于瘤胃的容积大，在日常采食时，除采食能够维持自己生长发育的需求外，瘤胃仍需大量的粗饲料来填充，目前养殖业所使用的粗饲料主要为各种农作物秸秆。应注意提高农作物秸秆的营养价值和适口性，充分利用反刍家畜瘤胃发酵的特点，提高秸秆饲料的利用率和消化率。目前，市场上常用的农作物秸秆处理方法有3种：一是秸秆的氨化处理；二是秸秆的青贮处理；三是秸秆的微贮处理。在长期的肉牛生产中，逐渐形成了利用青贮、粗微贮养牛的习惯。

农作物成熟后，剩下的植物茎叶，如稻草、玉米秸、麦秸等数量巨大，经有效方法处理后，可变成反刍家畜的良好饲料。下面介绍一下农作物秸秆的加工处理工序。

（一）秸秆的氨化处理

秸秆的氨化处理是指用液态氨或含氨物质对秸秆进行处理，氨具有破坏木质素与纤维素之间碱不稳定键的作用，因而秸秆饲料经氨化后可提高消化率；此外，氨含有氮，秸秆氨化后，还可提高秸秆类饲料的粗蛋白含量。氨化处理常用的方法有无水氨、氨水、尿素和碳酸氢氨等。

1.堆贮法

将秸秆堆成大垛，底面大小6米×6米，约堆3吨铡短的麦秸，用土压实，再用塑料薄膜密封，留一小口，喷入20%的氨水，秸秆与氨水比例为6∶1，氨水注完，拔出喷头，密封喷口，草垛的上风口留一口子。如用尿素，先配置浓度为2%的尿素液，然后分层，均匀喷洒在秸秆上，每层秸秆厚30～50厘米。按重量计算尿素液为秸秆重量的20%左右，此时处理后的含氮量约为1.84%，相当于含粗蛋白质11.5%。

起用时间因气温而异，当日温高于30℃时，需5～7天；当日温在20～30℃

时，需7~14天；10~20℃时，需14~28天；0~10℃时，需28~56天。

开垛处理。在饲喂前，必须放尽余气，一般1~3天即可，此时呈糊香味或酸香味，即可喂用，切不可用水洗。

2.窖贮法

此法适用于中小型规模的土窖和水泥窖，窖型不限，窖深一般不超2米，做法比例同上。

（二）秸秆的青贮处理

1.青贮饲料的开发利用

青贮饲料一进入市场，就以它的青绿多汁，适口性好，维生素含量丰富，有酸香味，质地柔软，易消化等特点，深受广大养殖户的欢迎。目前，大部分规模养殖场都使用了青贮秸秆，饲用效果相当理想。

2.秸秆微贮饲料制作技术

秸秆微贮饲料制作技术主要包括菌种复活、秸秆加工、建窖、压实、封窖、品质鉴定、取用等技术。适用于利用干秸秆、半干秸秆制作微贮饲料。

3.保护秸秆资源，大力发展压块饲料

随着人民生活水平的提高，膳食结构发生了根本性的变化，对奶、肉、蛋的需求也逐渐增加，畜牧产业进入了一个全新的发展阶段。这就需要有一个丰富的饲料资源。面对规模化、集约化养殖的粗饲料供应，再采取原始的、小农化、作坊化的方式已不可能，一种新的秸秆保存、加工高密度秸秆压缩饲料应运而生。这种压缩饲料，不但营养水平有所提高，方便了流通，便于储运，不易燃烧，灭菌灭虫，长期保存不变质，并保持了反刍动物对粗纤维的需求。秸秆由生变熟，具有糊香味，饲喂方便，采食率100%，利于消化吸收。同常规秸秆相比，肉牛增重率提高15%，奶牛产奶率提高16.4%，乳脂率提高0.2%，同时节约粗饲料30%。

二、肉牛的营养需求及日粮配制

营养需求是指每头动物每天对能量、蛋白质、矿物质及维生素等养分的需要量，它因动物的种类、年龄、性别、生理状态、生产目的及生产性能的不同而有所差异。畜牧工作者为了使家畜达到最佳的生产效率，经过多次实践和研究，对不同种类、年龄、性别、体重、生理状况、生产目的的家畜都制定了饲养标准，它是养殖专业户、饲养场在生产上为家畜配合饲料、搭配饲料提供营养日粮的行动指南。

（一）肉牛的营养需求

育肥牛的营养需求主要是根据其年龄、体重和设计的增重速度而确定。在设计增重速度时，应考虑以下3方面：牛体脂肪沉积适量；胴体增重达到一、二级指标；饲养成本低。一般我国黄牛因生长速度慢，在设计育肥增重速度时，应有别于引进的国外品种牛及其与我国黄牛的杂交牛，前者应低一点，后者可高一些。

（二）肉牛添加剂的使用技术

1.肉牛增重剂的使用

增重剂也称生长促进剂，其作用机理是通过改善畜体内能量和氮代谢平衡，促进蛋白质的沉积。据有关单位实验结果：应用不同增重剂后，肉牛的平均日增重可提高9.38%～23.71%。

2.瘤胃素的应用

瘤胃素是莫能菌素的商品名，是一种灰色链球菌的发酵产物。由于在饲料中添加瘤胃素能提高牛的增重和饲料报酬，所以有些人将瘤胃素称为增重剂。瘤胃素的本身作用并不是对牛的机体代谢起作用，而是通过影响瘤胃微生物的发酵过程，改善微生物的代谢产物，有利于牛对其消化吸收，所以瘤胃素实际是一种饲料添加剂。

3.非蛋白氮的应用

非蛋白氮的英文缩写为NPN，目前已使用的非蛋白氮有尿素、碳酸氢铵、磷酸氢铵、硫酸铵、双缩脲、异丁基二脲等。NPN是一些含有大量有机氮的化合物，这种氮可被反刍动物瘤胃微生物利用合成菌体蛋白。因此使用NPN可代替部分蛋白质，降低饲养成本。大量实验表明：1千克尿素合理饲喂肉牛，可增重2千克，降低成本10%。

4.非常规饲料添加剂的使用

非常规饲料添加剂包括天然沸石、麦饭石、膨润土等，是非常规矿物质饲料，由于它们具有交换、吸附和催化等独特的理化性能，并含有畜禽需要的微量元素，因此，饲喂畜禽不仅能提高营养物质的消化率，还可促进畜禽生长等。

（三）肉牛育肥的日粮配方

肉牛育肥的日粮配制包括：精饲料的日粮配制和粗饲料的日粮配制。日粮配制又根据养殖肉牛的品种、年龄、体重、制定育肥期的长短、育肥期的不同阶段而有所差异。下面将根据牛的不同品种从3个方面分别介绍。

1.饲养350千克以上的南牛系列品种的日粮配制

350千克以上的南牛育肥属于短期育肥，常使用的育肥方法称阶段肥育法，即精饲料起点高，在正常育肥过程中，逐渐增加精饲料比例的一种育肥方法。在肉牛的实际生产中，人为地将阶段肥育法分为适应期、基础育肥期、巩固期、强化催肥期4个阶段。

（1）适应期。时间为1～10天，其中1～3天精饲料的用量为活体重的0.6%，粗饲料的用量为活体重的1.6%；4～10天精饲料的用量为活体重的1.0%，粗饲料的用量为活体重的1.8%。

（2）基础育肥期。时间为11～60天，其中11～30天精饲料的用量为活体重的1.2%，粗饲料的用量为活体重的1.9%；30～60天精饲料的用量为活体重的1.4%，粗饲料的用量为活体重的1.8%。

（3）巩固期。时间为60～120天，日精饲料的添加量为活体重的1.5%，60～80天粗饲料的用量为活体重的1.6%；从80天开始，每10天粗饲料的日用量减少8%，至120天为止，直至粗饲料的用量为活体重的1.5%。

（4）强化催肥期。时间为120～150天，120～130天日精饲料的添加量为活体重的1.6%，粗饲料的用量为活体重的1.4%；130～150天精饲料的添加量为活体重的1.6%，粗饲料的用量1.3%（以上日粗饲料按折合成干物质重量计算）。

350千克以上南牛育肥的另一种方法为一直肥育法。即：新引进的架子牛1～3天，精饲料的用量为活体重的0.6%；4～30天精饲料的用量为活体重的1.0%；31～150天精饲料的用量为活体重的1.5%；所有育肥期内，粗饲料的用量和阶段肥育法相似。

2.饲养200千克和300千克以上改良牛的日粮配制

200千克改良牛的日粮配制有两种方式：一种是一直肥育方式，另一种是前粗后精肥育方式（也称前低后高肥育法）；300千克改良牛的日粮配制只能用一直肥育法。

3.200千克和300千克以上蒙杂牛的日粮配制

200千克蒙杂牛的日粮配制有两种方式：一种是一直肥育方式，另一种是前粗后精肥育方式；它的日粮配制方式同改良牛的日粮配制基本相似。300千克蒙杂牛的日粮配制只能用一直肥育方式。

第五节　肉牛的饲养管理技术

　　肉牛的饲养管理技术包括肉牛的选购、育肥、管理等技术。在日常肉牛肥育过程中，一般第一天只喂一些粗饲料或少许精饲料，限量给一些饮水；第二天精饲料不超过体重的0.4%，第三天精饲料不超过体重的0.6%；在健康状态良好的情况下，于第7天进行第一次驱虫，15天后进行第二次驱虫，第一次驱虫使用伊维菌素皮下注射，第二次驱虫使用不同类种片剂口服；在1～23天的日常管理过程中，首先要观察牛的粪便状况，检查牛只是否有消化不良、腹泻、便秘等现象，如：粪便的颜色、味道、稀浊程度，检查的结果直接影响用药的效果；如果一切正常，可在第23天进行疫苗接种。

　　目前，肉牛饲养主要以架子牛为主。肥育普遍采取的方式为短期快速育肥，又称强度肥育。通常300千克以上的南牛、改良牛和蒙杂牛多以一直肥育法为主，200千克以上的改良牛和蒙杂牛多使用前粗后精肥育法。两种方式实际是前粗后精、后期集中育肥的一种变体形式。

一、育肥的技术概念

　　肉牛育肥的目的是增强屠宰牛的肉和脂肪，改善肉的品质。从生产者的角度讲，是为了使牛的生长发育、遗传潜力尽量发挥完全，提高育成牛屠宰后高档部位肉的出成率，而投入的生产成本又比较适宜。

　　要使牛尽快育肥，在饲喂时给牛的营养物质必须高于维持正常生长发育的需要，所以牛的育肥又称过量饲养；根据牛的生长发育规律，过量饲养的营养物质直接导致牛体内获得最大能量的积累，致使肌肉、脂肪的结构和成分迅速发生变化，肌肉变粗，肌间脂肪增多；屠宰后表现为芳香味增浓，嫩度加强，颜色秀美。

　　牛的育肥实际上是阶段性的利用牛的生长发育规律。因此，影响牛生长发育的因素，就是选择育肥技术时需要考虑的因素。

二、育肥牛的选购

育肥牛的选购主要指育肥架子牛在收购时应考虑的问题，包括品种、性别、年龄、体重、牛体健康状况和育肥后销售对象等。因为在相同的饲养管理条件下，杂种牛的增重、饲料转化率和产肉性能都要优于我国地方黄牛，大中型屠宰加工厂又以收购黄牛为主。所以，要想靠养牛获取较高的经济利润，就必须把握好四个方面。

1.品种关

品种要选育肥效果最好的，如国内地方秦川牛、晋南牛、鲁西牛、南阳牛和延边牛；杂交品种西门塔尔牛、利木赞牛、夏洛莱牛、海福特牛等。这些品种不但生长速度快而且肉质好，深受饲养者和肥牛生产商的欢迎。

2.年龄关

育肥牛最好选择2.5～4岁，体重在300千克以上。这个时期育肥牛饲料报酬最高，肉质最好。

3.个体健康关

选购育肥牛，一定要选择精神状态好，中等膘情且健康无病的牛，但神经质的牛除外。

4.外形关

要育肥的牛，四肢与躯体较长，十字部略高于体高，后肢飞节高，皮松毛密软。

三、适应期的管理

（一）适应期管理步骤

适应期的时间一般为0～13天，育肥管理可分为3个步骤。

1.饮水和给食

从市场购回的牛，需有一个适应期，由于交易和运输，胃肠食物少，体内严重缺水，应激反应大，因此1～3天的饮水应特别注意。第一次限制在10～20升，第二次在第一次饮水3～4小时后，之后可自由饮水，水中加些麦麸更好。

饮水充足后，可在第一次限量饲喂优质干草，按每头4～5千克饲喂，第

二、第三天逐渐加量；四天后可自由采食。

2.分群和驱虫

为了保证育肥效果，新购入的架子牛在入场的第5～6天进行驱虫，3天后拌饲"健胃散"。适应期的牛只，经隔离观察后的健康牛按体重、年龄、品种分群，一般10～12头一栏。

3.阉割和去势

去势的公牛，性格温顺，生长速度快、饲料报酬高，肉质好。一般公牛去势在2岁内。

（二）育肥期管理

1.适量运动

育肥期的肉牛一定要有适量运动，同时又要有一定的限制。运动是为了增强牛的体质，提高消化吸收能力，使其保持旺盛的食欲。限制牛的运动是为了减少牛能量消耗，便于育肥。每头占地8～10平方米，或拴养。

2.科学饲喂

饲喂一般采用自由采食。自由采食不仅牛可根据自身的营养需求采食到足够的饲料，又可以节约劳力。一个劳力可管理100头牛。

目前，大多数养殖场采取日喂2次或3次。

饲料的饲喂顺序，应该是先喂粗料，后喂精料，最后饮水。

投料方式采用少添勤喂，一般早晨采食大，因此早晨第一次投料量要多，以防引起牛争料而顶撞斗架；晚上最后一次投料量也要多一些，因为牛有夜间采食的习惯。

在肉牛育肥过程中，饲料更换会打乱牛原有的采食习惯，应采取3～5天的过渡期，逐渐让牛适应新更换的饲料。并要求饲养管理人员勤观察，发现问题，及时采取措施，以减少因更换饲料给养牛者带来的损失。

水是影响肉牛生长发育的重要因素之一。因此，牛采食完毕后要给充足的饮水。

3.保持牛舍和牛体卫生

牛舍每天清扫2次，上、下午各一次，每15天消毒一次。

4.疫病预防

应按规定定期对牛进行疫病预防接种，预防程序应符合兽医免疫规程。

5.其他管理

（1）刷拭。强度育肥的牛，在条件许可的情况下，每日可对牛体刷拭2次，体刷可提高牛体血液循环，增加牛的采食量。

（2）使用肉牛增重剂。可参考增重剂的使用方法。

第三章　肉鸡养殖管理实用技术

第一节 肉鸡品种

一、引进肉鸡品种

国外引进的肉鸡品种，大多数是快大型肉鸡品种，其生长速度快，体型大，肌肉丰满，饲料报酬高，外观大多数为纯白色，少数为红色或黄色。

（一）爱拔益加

爱拔益加（Arbor Acress）简称"AA"肉鸡。是由美国爱拔益加公司培育的四系配套肉鸡。我国从1981年起引入祖代种鸡，父母代与商品代的饲养遍及全国各地，效果也较好，成为我国白羽肉鸡市场的重要品种。爱拔益加肉鸡具有体型大，生长发育快，生产性能稳定、胸肉产肉率高、成活率高、饲料报酬高的优良特点。其父母代种鸡产量高，并可利用快慢羽自别雌雄，商品仔鸡生长快，适应性和抗逆性强。

爱拔益加肉鸡生产性能：父母代鸡全群平均成活率90%，入舍母鸡65周龄产蛋数191枚，入舍母鸡产合格种蛋数181枚，入孵种蛋平均孵化率80%～81%，25周龄达到5%产蛋率，32周龄达到产蛋高峰，入舍母鸡高峰产蛋率84%。

（二）艾维茵

艾维茵（Avian），是美国艾维茵国际家禽有限公司培育的白羽肉鸡，1986年由中、美、泰合资成立的"北京家禽育种有限公司"培育，自1987年引进原种进行选育，1988年验收合格，开始向国内外市场提供祖代及父母代种鸡。

艾维茵肉鸡具有增重快，繁殖率高，饲料报酬高，成活率高，皮肤黄色，肉质细嫩的特点。

艾维茵父母代肉鸡生产性能：25周龄达5%产蛋率，31～32周达到产蛋高峰，高峰期产蛋率86%，入舍母鸡65周产蛋数174～180枚，入孵种蛋平均孵化率83%，产蛋期成活率88%～90%。艾维茵商品代肉鸡生产性能：6周龄体重1.98千克，饲料转化率1.72。7周龄体重2.45千克，饲料转化率1.98。8周龄体重2.92千

克，饲料转化率2.08。9周龄体重3.26千克，饲料转化率2.27。

（三）哈伯德肉鸡

哈伯德肉鸡由美国哈伯德肉鸡育种公司培育出的四系配套白羽肉鸡，具有白羽毛、白蛋壳，商品鸡可羽速自别雌雄，生长速度快，孵化率高，出肉率高，饲料报酬高等特点。该鸡父母代肉鸡生产性能：24周龄达5%产蛋率，30周达到产蛋高峰，入舍母鸡65周产蛋数180枚，入孵种蛋平均孵化率84%。商品代肉鸡6周龄体重1.7千克，料肉比1.52：1，8周龄体重2.97千克，料肉比1.9：1。

（四）星布罗

星布罗肉鸡是加拿大雪佛公司育成的四系杂交肉鸡，属世界优良肉鸡品种之一，该肉鸡具有生产性能好、饲料转化率高、适应性强的特点，该品种一般6周龄体重达1.6千克，8周龄时体重达2.25千克。

（五）科宝–500

科宝–500由美国泰臣食品国际家禽分割公司培育，该鸡体型大，胸深背阔，全身白羽，单冠直立，冠髯鲜红，脚高而粗，肌肉丰满。42日龄体重2.62千克，料肉比1.76：1，49日龄体重3.18千克，料肉比为1.9：1，全期成活率95.2%。屠宰率高，45日龄公母鸡平均半净膛屠宰率85.05%，全净膛率为79.38%，胸腿肌率31.57%。父母24周龄开产，30～32周龄达到产蛋高峰，产蛋率86%～87%，66周龄产蛋量175枚，全期受精率87%。

（六）红布罗肉鸡

红布罗（Redbrn），是加拿大雪佛公司育成的红羽快大型肉鸡，外貌具有黄喙、黄胫、黄皮肤等三黄特征，肉味比白羽型的鸡好。该鸡适应性好、抗病力强，生长较快，肉味亦好，与地方品种杂交效果良好。该鸡具有生长迅速、胸肌丰满、饲料转化率高、体型好等特点，其生产性能一般50日龄体重为1.73千克，料肉比为1.94：1；62日龄体重为2.2千克，料肉比为2.25：1。

（七）海布罗

海布罗（Hybro），是由荷兰优里布里德家禽育种公司育成的四系配套白羽肉鸡，父系为白科尼什鸡，母系为白洛克鸡。商品代肉用仔鸡6周龄体重1.65千克，料肉比1.89：1；8周龄体重2.35千克，料肉比2.15：1。

（八）狄高肉鸡（Tegel）红羽

狄高肉鸡（Tegel）是澳大利亚狄高公司育成的配套系自别雌雄黄羽肉鸡，其种鸡母系只有1个，羽毛浅褐色；种鸡母系有2个，分别是TM70银灰色羽，TR83黄色羽或其他有色羽。其特点是仔鸡生长速度快，与地方鸡杂交效果好。商品代肉鸡6周龄平均体重达2.0千克以上，料肉比1.96：1；8周龄体重2.6千克以上，料肉比为2.05：1。目前，该品种在我国南方饲养较多，其生产性能与爱拔益加白羽肉鸡相似。

二、我国优质肉鸡品种

我国优质肉鸡多为地方优秀品种，或由国内地方优秀品种与国外引进的快大型肉鸡杂交生产的品种，生产中多数是两系杂交和三系杂交。全国将近有20多个优质肉鸡品牌，主要分布在我国东部沿海一带。这些肉鸡兼具了引进品种生长速度快和保持了地方品种独特风味的特点。

与快大型肉鸡相比，优质型肉鸡生长速度较慢，饲养周期较长，饲养成本较高，价格相对较高，但具有肉质鲜美、口感好等特点，受到广大消费者的喜爱。

目前，不少养殖企业、科研单位和高等院校，都在进行优质肉鸡育种，市场上优质肉鸡品种多，更新也较快。

（一）我国优质肉鸡的分类

优质鸡最初是为满足广东、香港和澳门的市场需求，主要以石岐杂鸡和广东本地土鸡为主，强调具有毛黄、脚黄、皮黄的"三黄"特点，所以早期的优质鸡主要指三黄鸡。但目前优质肉鸡在分类上更细化。一般按照生长速度把优质肉鸡分为3种类型，即快速型、中速型（仿土鸡）和慢速型（优质型，柴鸡），不同的市场对外观和生长速度有不同的要求。

1.快速型优质肉鸡

快速型优质肉鸡含有较多的国外品种血缘，上市早，生产成本较低，肉质风味也较差，适合较低层次的消费要求，消费区域在北方地区以及长江中下游地区。快速型优质肉鸡一般在49～70日龄上市，体重超过1.3千克，类型有快大三黄鸡、快大青脚麻鸡、快大黄脚麻鸡等。

2.中速型优质肉鸡

一般中速型优质肉鸡也称为仿土鸡，含外来鸡种血缘较少，体型外貌类似地方鸡种。这种类型的优质肉鸡消费者普遍认可，价格合适，体型适中，肉质也较好。中速型优质肉鸡一般在70～100日龄上市，体重1.5～2.0千克，以中国香港、中国澳门和广东珠江三角洲等地区为主要市场。目前内地市场有逐年增长的趋势，各大优质肉鸡育种公司都有推出。

3.慢速型优质肉鸡

慢速型优质肉鸡是以地方品种或以地方品种为主要血缘的鸡种，生产速度较慢，但饲养期长，养殖成本高，肉质优良，价格较高。普遍100日龄以后上市，体重1.1千克以上。我国有地方鸡种100多个，是宝贵的遗传资源，有些地方品种适合商业生产的要求，不仅外观华丽、肉质优良，而且生产性能较高，得到市场较为普遍的认同。

（二）我国优质肉鸡的主要品种

1.北京油鸡

原产地在北京安定门和德胜门一带，以肉质细致，肉味鲜美等特点著称，是一个优良的地方鸡种。北京油鸡体躯中等，羽色美观，羽色主要为赤褐色和黄色。具有冠羽和胫羽，有些个体兼有趾羽，外貌特征具有冠毛、须毛、脚毛的三毛特征。北京油鸡对各种养殖方式都能很好地适应，理想的养殖方式是散养，但生长速度缓慢。成年公鸡体重平均为3千克，成年母鸡体重平均为2.5千克，年产蛋量120～135枚。

2.固始鸡

固始鸡主产于河南省固始县，俗称"固始黄"，被称为"中国土鸡之王"，是河南固始三高集团利用优良的地方土种鸡培育成功的优质肉用型鸡种。该鸡被毛不一，母鸡毛色有黄、麻、黑等不同色，公鸡毛色多为深红色或黄红色，尾羽多为黑色，鸡喙、脚为青色，无脚毛，适应性强。目前已在我国华东、华南和港澳台地区占有一定市场，部分已走向国际市场。商品鸡10周龄时体重为1.05千克，料肉比2.7∶1；12周龄体重为1.4千克，料肉比3.2∶1。

3.华青麻鸡

华青麻鸡是上海市华青实业集团曾祖代肉鸡场培育出的优质肉鸡良种，分为A、B、C 3个类型：A型鸡躯羽毛为黄色，颈部有黑色斑点，60日龄平均体重为1.70千克，饲料2.35千克；B型鸡为较典型的三黄鸡，60日龄平均体重1.75千克，饲料2.30千克，60日龄平均体重为1.05千克，饲料2.2千克。

4.桃源鸡

桃源鸡产于湖南省桃源县，该品种具有耐粗饲、肉质鲜美等特点。公鸡羽毛黄红色，母鸡黄色居多，上有黑麻色或褐麻色。成年公鸡体重4～4.5千克，母鸡3～3.5千克。年产蛋量100～120枚，蛋重55克。

5.河田鸡

河田鸡产于福建长汀县河田镇，具有三黄三黑三叉冠的外貌特征，即嘴、脚、皮呈黄色，颈、翅膀和尾巴的羽毛呈黑色；具有特有的三叉冠。河田鸡成年公鸡体重达2千克，母鸡体重1.5千克，年产蛋量100枚以上，蛋重为43克，蛋壳以浅褐色为主，少数灰白色。

6.寿光鸡

寿光鸡原产于山东省寿光市一带，寿光鸡遗传性较为稳定，外貌特征比较一致，体形硕大，产蛋大，就巢性弱，但早期生长慢、成熟晚、产蛋量少。

寿光鸡有大型和中型，还有少数是小型。大型寿光鸡外貌雄伟，体躯高大，体型近似方形。成年鸡全身羽毛黑色，有的部位呈深黑色并闪绿色光泽。单冠，公鸡冠大而直立；母鸡冠形有大小之分，颈、趾灰黑色，皮肤白色。初生重为42.4克，大型成年体重公鸡为3 609克，母鸡为3 305克；中型公鸡为2 875克，母鸡为2 335克。

7.惠阳胡须鸡

惠阳胡须鸡原产于广东省惠阳地区，因其颔下有张开的肉髯，状似胡须而得名，为地方优质肉鸡品种。雏鸡全身浅黄色，喙黄，脚黄（三黄）。无胫羽，颔下有明显的胡须，单冠直立。公鸡背部羽毛枣红色，分有主尾羽和无主尾羽两种。主尾羽多呈黄色，但也有些内侧是黑色，腹部羽色比背部稍淡。母鸡喙黄，全身羽毛黄色，主翼羽和尾羽有些黑色，尾羽不发达，脚黄色。惠阳胡须鸡肥育性能良好，脂肪沉积能力强。成年公鸡体重2.1～2.3千克，母鸡1.5～1.8千克。母鸡就巢性强，6～7月龄开产，年产蛋80～100个，平均蛋重47克，蛋壳浅褐色或深褐色。

8.九斤黄鸡

九斤黄鸡原产于上海市的黄浦江以东地区，是我国较大型的黄羽鸡种，鸡肉质特别肥嫩、鲜美，香味甚浓，筵席上常作白斩鸡或整只炖煮。九斤黄鸡体型较大，呈三角形，偏重产肉。公鸡羽色有黄胸黄背、红胸红背和黑胸红背3种。母鸡全身黄色，有深浅之分，羽片端部或边缘常有黑色斑点，因而形成深麻色或浅麻色。公鸡单冠直立，冠齿多为7个；母鸡有的冠齿不清。耳叶红色，脚趾黄色。有胫羽和趾羽。生长速度早期不快，长羽也较缓慢，特别是公鸡，通常需要3～4月龄全身羽毛才长齐。公鸡成年体重4.0千克，母鸡成年体重3.0千克左右。年产蛋量100～130枚，蛋重58克。蛋壳褐色，壳质细致，结构良好。

第二节　养殖场建设

一、选址与规划布局

（一）鸡场选址

肉鸡场选择场址时，应结合当地的自然条件和社会条件，根据鸡场的生产特点、经营方式、饲养管理方式等基本特点，在综合考虑地形、地势、土质、水源以及气候特点等方面的基础上，进行选择。

1.地势地形

场址要选择在地势高、采光充足、背风向阳的地方。若要在山坡或丘陵上建场，鸡舍要选择南向或南偏东向，以利夏季通风或冬季保温，坡度不宜过大，不宜选择山顶或峡谷洼地。山区建场还要注意不能建在昼夜温差过大的山尖，或通风不良、潮湿低洼的谷底，还要避开断层、滑坡、塌方等地段，以坡度不大的半山腰处较为理想。场地地形要方整、开阔，不要过于狭长和边角太多。鸡场的地质、土壤最好为水质土壤。在不影响场址规模前提下，尽量利用荒地、废地建场，不占用耕地。

2.交通

鸡场宜建在城郊，以防污染城市环境，但其产品主要供应城镇市场，运输距离不宜过大。一般应距大城市20千米以上，小城镇10千米以上，离居民点2千米以上。附近无水泥厂、钢铁厂、化工厂等产生噪音和化学气味的工厂，还应远离铁路、交通要道、车辆来往频繁的地方。在满足卫生防疫要求，与交通主干道保持一定安全距离的前提下，鸡场场址要交通方便顺畅，以便于饲料和出入栏鸡只及其产品的运输。

3.水源水质

水源是选址的先决条件，因为鸡只饮用、饲料配制及鸡舍和用具的清洗消毒等都需要大量的水。因此，建设鸡场时必须要有可靠和充足的水源且水质要符合饮用水标准。一般采用的水源有地面水（江、河、湖、塘及水库等）和地下水

（是降水和地面经过地层渗滤贮积的水）。如果利用地面水作水源时，取水点尽可能在上游，必要时对饮水加以净化和消毒。利用地下水作水源，多为井水，应注意水井的位置免受地面水的污染。

4.电力

现代工厂化养鸡需要有充足的电力供应，机械化程度越高的鸡场对电力的依赖性越强。鸡场选址应距电源较近，既利于节省输变电开支，又可保持供电稳定。鸡场中除孵化室要求电力24小时供应外，鸡群的光照也必须有电力供应。因此对于较大型的鸡场，必须具备备用电源，如双线路供电或自备发电机，以便输电线路发生故障或停电检修时能够保障正常供电。

5.卫生防疫

为了防止鸡场受到周围环境的污染，场址应避开居民点的污水排污口，不能将场址选在化工厂、屠宰厂、制革厂、造纸厂等容易产生环境污染企业的下风向或附近，应避开风景名胜区、自然保护区的核心区和缓冲区。场址应距国道、省际公路500米以上，距主要公路300米以上，与其他畜禽场之间应保持足够的安全距离。

（二）布局

1.布局原则

（1）场内分区设置。生活区、生产区在全场的上风处和地势最高地段，同时兼顾生活区与外界联系的便利。生产区在防疫卫生最安全地段。病死鸡和污物处理区设在下风处和地势最低的地段。鸡场内生活区和行政区、生产区应严格分开并相隔一定距离，生活区和行政区在风向上与生产区相平行，有条件时，生活区可设置于鸡场之外。生产区是鸡场布局中的主体，应慎重对待，孵化室应和所有的鸡舍相隔一定距离，最好设立于整个鸡场之外。厂址四周有围墙与外界隔离。生产区大门处设消毒池和消毒更衣室，各幢鸡舍内有消毒设备。

（2）利于防疫。生产区与其他区之间设置严格的隔离设施，包括隔离栏、车辆消毒房、人员更衣及消毒房等。各类鸡舍之间的距离应以各品种各代次不同而不同，生产区内鸡舍东西向排列，鸡舍间距及鸡舍与围墙栏距离不少于30米，同时，严防非生产人员及家属亲友随便进入生产区，以防带进病菌传播疾病。生活区与行政管理区之间要有不少于30米宽的绿色隔离带。

（3）生产区净污道分开。净道是专门运输饲料和产品的通道。粪道运送粪便、死鸡、病鸡，不能与净道混用。死淘鸡焚烧炉设在生产区污道一侧，储料罐建在净道一侧。清洁道和脏污道不能交叉，以免污染。

2.具体布局

（1）生活管理区。生活管理区是担负鸡场经营管理和对外联系的场区，应设在常年主导风向上风处及地势较高处且与外界联系方便的位置，主要包括生活管理用房、消毒防疫设施、配电室、锅炉房、料库及其辅助配套设施。

鸡场的供销运输与外界联系频繁，容易传播疾病，故场外运输应严格与场内运输分开。负责场外运输的车辆严禁进入生产区，其中车棚、车库也应设在管理区。生活管理区与生产区应加以隔离。外来人员最好限于在此区活动，不得随意进入生产区。

（2）生产区。生产区包括各种鸡舍，是鸡场的核心，因此要进行合理布局，科学规划。门口设门卫传达室、消毒更衣室和车辆消毒池，严格控制非生产人员出入生产区，出入人员和车辆必须进行严格消毒。

综合性鸡场从孵化开始，育雏、育成、成鸡及种鸡饲养，完全由本场解决，鸡舍的设置应根据常年主导风向和各鸡群间生产工艺流程顺序，按种鸡（舍）—种蛋（室）—孵化（室）—育雏（舍）—育成（舍）—成鸡（舍）布置鸡场建筑物。由于鸡群类型较多，鸡舍的种类也相应增多，各种年龄或各种用途的鸡应各自设立分场或分成几个小区，分场（区）之间留有一定的防疫距离，还可种植树木形成隔离带，各个分场（区）实行全进全出制。

孵化室要与场内鸡群隔离，大型鸡场可单设孵化场，小型鸡场也应在孵化室周围设围墙或隔离绿化带。

育雏区（分场）要求与成年鸡区保持一定的距离，育雏区要优先安排，免遭污染，有条件时另设分场。由于种雏和商品雏繁育代次不同，必须分群饲养，以保证鸡群的质量。

综合性鸡场中种鸡群和商品鸡群应分区饲养，种鸡区应放在防疫上的最优位置，其中的育雏育成鸡舍又优于成年鸡舍的位置，而且育雏育成鸡舍与成年鸡舍的间距要大于本群鸡舍的间距，并设沟、渠、墙或绿化带等隔离设施。

专业性鸡场专门饲养某种类型的鸡群，鸡舍功能单一，设计布置的问题也比较简单。

鸡舍与饲料库、产品库、粪场之间的联系比较频繁，因此，饲料库、产品库和粪场要靠近生产区，但又不能设在生产区内，饲料库、产品库与贮粪场要设在生产区相反方向的两个末端。

（3）辅助生产区。饲料加工间、饲料库、蛋库、配电室、车库应接近生产区，并与生产区保持一定距离。积粪区、焚尸坑、病鸡舍应设在成年鸡舍最下风100米处。

（4）行政管理区。办公室、库房、洗衣房、水塔等设在行政管理区内。办公室、卫生防疫室应设在与生产区平行的另一侧并用围墙隔开。

二、鸡舍的设计

鸡舍的合理设计，可以为鸡群创造良好适宜的环境条件，使鸡只能够充分发挥其品种优势和生产潜能，从而有效提高养鸡生产的经济效益。鸡舍设计的原则是首先要符合安全卫生防疫要求，其次要满足通风、保温和光照要求，第三要符合鸡场的总体平面设计要求，布局合理，因地制宜，节约建材，降低成本。

（一）鸡舍的排列

鸡舍排列的合理性，关系到鸡场占地面积、鸡舍之间的防疫、采光、通风、排污及防火等重要因素。鸡舍一般采取横向成排（东西）、纵向星列（南北）的行列式，即各鸡舍应平行整齐呈梳状排列，不能相交。鸡舍的排列要根据场地形状、鸡舍的数量和每幢鸡舍的长度，酌情布置为单、双列或多列式。

鸡舍按标准的行列式排列，与地形地势、气候条件、鸡舍朝向选择等发生矛盾时，也可将鸡舍左右错开、前后错开排列，但要注意平行的原则，避免各鸡舍相互交错。当鸡舍长轴必须与夏季主风向垂直时，上风向鸡舍与下风向鸡舍可左右错开呈"品"字形排列，这等于加大了鸡舍间距，有利于鸡舍的通风；若鸡舍长轴与夏季主风方向所成角度较小时，左右列应前后错开，即顺气流方向逐列后错一定距离，也有利于通风。

（二）鸡舍的朝向

鸡舍的朝向要根据地理位置、气候环境及当地的主风向等条件来确定，主要考虑鸡的采光、保温和通风。

我国地处北半球，绝大部分地区处于北纬20°～50°，冬季多为西北风，夏季多为东南风。因此，鸡舍朝向宜采取南北向方位，以南北向偏东或偏西

10°～30°为宜。冬季阳光斜射，可以利用太阳辐射和射入鸡舍的阳光防寒保温。夏季太阳直射入鸡舍的光线不多，利于防暑。

（三）鸡舍的间距

鸡舍间距以防疫、防火、日照、通风和排污等方面的要求距离考虑为主，主要满足防疫间距，同时根据具体的地理位置、气候、地形地势等因素来确定。

祖代鸡场鸡舍栋间距应不小于15米，父母代鸡场鸡舍栋间距应不小于12米。隔离鸡舍应设在各类鸡舍主风向的最下方，与生产区间距不小于20米。

（四）鸡舍的基本结构

鸡舍的建筑结构可根据本场条件选用轻钢结构或砖混结构，基本结构由基础、墙体、屋顶、门窗和地面构成。

（1）基础。基础是地下部分，基础下面的承受荷载的那部分土层就是地基。地基和基础共同保证鸡舍的坚固、防潮、抗震、抗冻和安全。

（2）墙体。墙对舍内温湿状况的保持起重要作用，多用砖混或石混，厚度一般为24～37厘米，墙壁要防水并要便于洗刷和消毒。

（3）屋顶。屋顶要求保温隔热，不透气，不漏水，还能承受风雪的荷载。屋顶形式主要有单坡式、双坡式、平顶式、钟楼式、半钟楼式、拱顶式等。单坡式鸡舍一般跨度较小，双坡式鸡舍跨度较大，钟楼式一般用于自然通风较好的鸡舍。

（4）门窗。门的设置要坚固严密，便于开关。一般设两个门，一端门靠近净道为工作人员及运送饲料的出入口；另一端门为运送粪污出口。窗户在设计时应考虑到采光系数，成年鸡舍的采光系数一般应为1：（10～12），雏鸡舍则应为1：（7～9）。寒冷地区的鸡舍在基本满足采光和夏季通风要求的前提下，窗户的数量要尽量少，窗户也要尽量小。大型工厂化养鸡采用的封闭式鸡舍，舍内的通风换气和采光照明完全由人工控制，但需要设一些应急窗，在发生意外，如停电、风机故障或失火时应急。

（5）地面。地面要求高出舍外，平整、光滑、干燥，便于鸡舍清扫、冲刷、消毒。舍内设排水沟，地面向排水沟方向有一定的坡度。具有承载笼具设备的能力。

（五）鸡舍建筑形式

鸡舍建筑形式可分为封闭式鸡舍（无窗鸡舍），有窗式鸡舍和开敞式鸡舍三种。

封闭式鸡舍是一种屋顶和四壁隔热良好、无窗（可设有应急窗）、完全密闭（只有进、出孔与外界沟通）的鸡舍。舍内完全采用人工光照和机械通风，通过变换通风量的大小和速度，在一定程度上控制舍内的温度和相对湿度，使其能维持在比较合适的范围内。这种鸡舍不易受自然界变化影响，能给鸡群提供稳定适宜的生长环境，可较大密度饲养。但这种鸡舍因建筑成本较高，投资较大，一般适宜于大型机械化养鸡场。

有窗式鸡舍一般南墙设有大窗，北墙设小窗。鸡舍全部或部分采用自然通风和自然光照，舍内温度和湿度随季节的变化而变化。为补充自然条件下通风和光照的不足，鸡舍中需要增设通风和光照设备。这类鸡舍的基建投资运行费用较少，但外界环境因素对鸡群影响较大，防疫较困难。

开敞式鸡舍适宜于气候温暖地区，建筑上考虑遮阳挡雨，一般这类鸡舍有简易顶棚，四面无墙或有矮墙，冬季用塑料薄膜围高保暖；或南面无墙，另外三面有墙，北墙上开窗。这类鸡舍通风好，但鸡群容易受外界环境影响和病原侵袭。

（六）鸡舍建筑规格

跨度：鸡舍的跨度视鸡舍屋顶的形式、鸡舍类型和饲养方式而定。开放式鸡舍，跨度不宜过大，一般为6～9米，否则影响鸡舍采光与通风。密闭式鸡舍12～15米。

长度：依据鸡舍的跨度、饲养规模和管理的机械化程度而定。跨度6～9米的鸡舍，长度一般在30～60米；跨度较大的鸡舍如12米，长度一般在70～80米。机械化程度较高的鸡舍可长一些，但一般不宜超过百米，超过百米时，中间最好设管理间，否则机械设备的制作与安装难度较大。

高度：根据饲养方式、清粪方法、跨度与气候条件而定。一般鸡舍不必太高，屋檐高度不超过2.5米。跨度大，多层笼养鸡舍要稍高，最上层的鸡笼距屋顶1～1.5米为宜。

三、饲养设备

鸡场设备的选择要从实际出发，不同的饲养水平和不同的饲养方式对设备的要求不同，但是有些是最基本的设备，主要包括笼具、饮水设备、环境控制设备、喂料设备、集蛋设备、清粪设备等。

（一）笼具

笼养鸡时需要鸡笼，笼具设备是养鸡设备的主体。按鸡的种类可分为雏鸡笼、育成鸡笼、蛋鸡笼、肉鸡笼和种鸡笼。其配置形式和结构参数决定了饲养密度，决定了对清粪、饮水、喂料等设备的选用要求和对环境控制设备的要求。

鸡笼设备按组合形式可分为叠层式、全阶梯式、半阶梯式、综合阶梯式和单层式。

（1）叠层式笼具。叠层式为多层鸡笼相互重叠而成，每层之间有承粪板。笼具安装时每两笼背靠背安装，数个或数十个笼子组成一列，每两列之间留有过道。随设备条件不同，可多层笼子重叠在一起，一般以3层为宜。这种布局能够充分利用鸡舍地面的空间，饲养密度大，但各层鸡笼之间光照和通风状况差异较大。

（2）全阶梯式笼具。这种方式是每层笼具之间互相错开，粪便直接掉入粪槽或地面，不需安装承粪板。多采用3层结构。人工喂料、集蛋时，为降低饲养员工作强度和有利于保护笼具，也可采取2层结构，但降低了单位面积上的养鸡数量。全阶梯式每层笼具之间通风和光照较好，但饲养密度较低。

（3）半阶梯式笼具。这种方式与全阶梯式的区别在于上下层鸡笼之间有一半重叠，其重叠部分设有一斜面承粪板，粪便通过承粪板而落入粪槽或地面。由于有一半重叠，故节约了地面而使单位面积上的养鸡数量比全阶梯式增加了1/3，同时也减少了鸡舍的建筑投资，舍内饲养密度高于全阶梯式，但通风和光照效果不如全阶梯式。

（4）综合阶梯式笼具。这种布局为3层中的下两层重叠，顶层与下两层之间完全错开呈阶梯式，下层鸡笼在顶网上面设承粪板。此布局与半阶梯式在占地面积上是相等的，不同的是施工难度较半阶梯式低。在低温环境下，重叠部分的局部区域空气质量相对较好。

（5）单层式笼具。这种方式是将所有鸡笼均平放于距地面2米左右高的架子上。每两个鸡笼背靠背安装成为一列，列与列之间不留过道，但有供水及集蛋的专用传送带。供料、供水及集蛋全部机械操作。鸡的粪便直接落在地面上。此种笼具虽只有一层，但因无过道，故单位面积上养鸡数量多。同时除粪方便，舍内空气质量好，环境条件一致性好。但投资成本较高，如果饲养员责任心不强，当发生机械事故及鸡只健康不佳时，均不易被发现。这种笼具生产中较少使用。

育雏鸡笼一般采用3～4层重叠式，育成鸡笼组合形式多采用3层重叠式。采用二阶段饲养方式的鸡场可用育雏育成一段式鸡笼。

（二）饮水设备

鸡场应有充足的水源和良好的水质。通常每只成年鸡的饮水量为采食量的2倍，在夏季为3～4倍。一般可按每只每天300毫升计算。因此，鸡的饮水设备要求供水充足、保证清洁。鸡舍内的自动饮水设备包括过滤、减压、消毒和饮水器及其附属的管道等。

1.过滤器

用来过滤水中的杂质，应有较大的过水能力和一定的滤清能力。

2.减压装置

鸡场水源一般用自来水或水塔里的水，其水压适用于水槽式饮水器。乳头式、杯式、吊塔式饮水器需要的水压较低，一般用水箱和减压器来减压。

3.饮水器

一般分为乳头式、杯式、水槽式、吊塔式和真空式五种饮水器。

雏鸡开始阶段和散养鸡多用真空式、吊塔式和水槽式，平养育雏时可使用吊塔式自动饮水器，既卫生又节水。

成鸡常用的饮水器有水槽式、吊塔式和乳头式。乳头式饮水器可用于肉鸡的笼养和平养。从节约用水和防止细菌污染的角度看，乳头饮水器是最理想的饮水设备，但制造精度要求较高，否则容易漏水。

（三）通风设备

通风换气是调节鸡舍空气环境状况的主要手段，多数鸡舍内采用机械通风来解决换气和夏季降温。常用的通风设备是风机和风扇。经常使用的风机类型有：轴流式风机，其叶片旋转方向可以逆转，方向改变，气流方向随着改变，通风不减少，可在鸡舍的任何地方安装。离心式风机，空气进入风机时与叶片轴平行，离开时方向垂直，能适应通风管道90°的转弯。吊扇和圆周扇、置于顶棚或墙壁上，将空气吹向鸡体，从而在鸡只周围增加气流速度，促进蒸发散热，一般作为自然通风鸡舍的辅助设备，安装位置和数量视鸡舍情况而定。

密闭鸡舍必须采用机械通风，根据舍内气流流动方向，可分为横向通风和纵向通风两种。横向通风，是指舍内气流方向与鸡舍长轴垂直，纵向通风，是指将大量风机集中在一处，从而使舍内气流与鸡舍长轴平行的通风方式。近年来的研究实践证明，纵向通风效果较好，能消除和克服横向通风时舍内的通风死角和风速小而不均匀的现象，同时消除横向通风造成鸡舍间交叉感染的弊端。

（四）照明设备

国内目前普遍采用灯泡来照明，使用灯的类型有：白炽灯、荧光灯和汞蒸气灯，发展趋势是使用节能灯。灯泡上应有灯罩，并经常擦拭，光照强度以3～5瓦/平方米为宜。平养鸡舍灯泡距离为灯泡至鸡身距离的1.5倍。笼养鸡舍的灯泡高度为2.1～2.4米，使灯光能照到饲料和鸡身为宜。

鸡场可安装照明定时自动控制的开关，取代人工开关，以便保证光照时间准确可靠。

（五）供暖设备

供暖设备主要用于雏鸡的育雏阶段，育成鸡和成年鸡基本不用。供暖设备主要有煤炉、保温伞、红外线灯泡、立体电热育雏笼、远红外线板和烟道等。

煤炉加热较脏，且易发生煤气中毒，必须加烟囱。

（六）降温设备

当夏季温度高时，需要对鸡舍采取降温措施。一般采用低压喷雾系统，湿帘—风机系统，喷雾—风机系统，高压喷雾系统4种方法降温。目前我国鸡场采用最多的是湿帘降温，采用湿帘降温，首先应计算出所需湿帘的宽度。湿帘的规格为1.8米高，0.10米或0.12米的厚度。国内均有配套产品。

（七）喂料设备

大型养鸡场供料系统实行机械化，需要有贮料塔、喂料机。供料机械主要有链式喂料机、塞盘式喂料机、螺旋弹簧式喂料机。链式喂料机是一种常用的供料机，平养、笼养均可使用。塞盘式喂料机适用于平养鸡舍，主要适于输送干粉全价饲料。螺旋弹簧式喂料机广泛应用于平养鸡舍。

一般鸡场喂料设备主要有料盘、料桶和食槽。雏鸡开食及育雏早期一般使用料盘喂料，每只料盘一般可供80～100只雏鸡使用。料桶可用于地面垫料平养或网上平养2周龄以上的小鸡或大鸡。最常用的喂料设备是食槽，可用木材、镀锌铁皮、硬质塑料制作。笼养、平养雏鸡、育成鸡、成年鸡都可使用食槽，笼养鸡都用长的通槽，长度依鸡笼而定。食槽的形状对鸡采食饲料有很大影响，食槽不能过浅，食槽可与鸡的背部相平，以减少鸡啄食时饲料从槽中溅出，造成饲料浪费。

（八）集蛋设备

机械化程度高的鸡场采用传送带自动集蛋，效率高，但破损率较高。目前一般养鸡户都采用手工集蛋。饲养肉种鸡可采用2层式产蛋箱。

（九）清粪设备

一般鸡场采用人工定期清粪，规模较大的鸡场采用机械清粪。机械清粪常用的设备有：刮板式清粪机、带式清粪机和抽屉式清粪机。刮板式清粪机多用于阶梯式笼养和网上平养；带式清粪机多用于叠层式笼养；抽屉式清粪机多用于小型叠层式鸡笼。

（十）其他设备

除以上设备外，鸡场还需要消毒设备、运输设备及种鸡场需要的孵化设备等。

第三节　营养与饲料配制技术

一、肉鸡的营养需要

肉鸡具有生长速度快，生产潜力大、饲料效率高的特点。在设计饲料配方时应选用能量、粗蛋白含量很高的优质原料，少用粗纤维含量较高的原料，为满足肉仔鸡对能量的需要还应添加2%～4%的动、植物油脂。

根据饲养的肉鸡品种、生长阶段、当地饲料资源、价格等因素，参照肉鸡的饲养标准确定所采用的营养水平。

二、常用饲料及营养价值

（一）能量饲料

能量饲料是指饲料干物质中粗纤维含量低于18%，粗蛋白质含量低于20%，且富含碳水化合物，各种养分消化率都很高，是主要供给能量的饲料。主要有谷实类，糠麸类，籽实类，淀粉质块根、块茎、瓜果类饲料等，一般作为能量的来源，含有丰富的碳水化合物和少量的蛋白质。在饲料工业上常用的为谷实类饲料、糠麸类饲料。这类饲料营养丰富、适口性好、容易消化。

1.谷实类饲料

谷实类饲料是主要的精饲料，做饲料使用的数量极多，有玉米、小麦、大麦、燕麦，非玉米产区多用稻谷和碎米、高粱等。

玉米是鸡配合饲料中重要的能量饲料，代谢能最高，粗纤维含量少，适口性好。黄玉米富含胡萝卜素、叶黄素，可改善蛋黄色泽，还可影响皮肤颜色，利于鸡的生长。玉米与其他谷类比较，钙、磷及B族维生素含量较低。由于玉米产量高，价格便宜，成为鸡的优良饲料。玉米在饲粮中的配比占30%～70%。

小麦含热能较高，蛋白质多，粗纤维低，氨基酸比其他谷类完善，B族维生素和维生素E较丰富，胡萝卜素、维生素D和维生素C极少。饲喂时应粉碎得稍粗些，太细鸡食后易在嗉囊中结团，降低适口性，影响消化吸收，用量不宜太多。

稻谷的营养价值相当于玉米的80%左右，能量水平低。但适口性好，而且含核黄素、磷较多。

高粱含淀粉与玉米相近，蛋白质稍高于玉米，但脂肪含量低于玉米。高粱中含有单宁，适口性差，采食过多易造成便秘。因此，在配合饲料中要小于20%。

大麦、燕麦比小麦能量低，B族维生素含量丰富，少量使用可增加饲粮的饲料种类，调剂营养物质的平衡。大麦、燕麦宜破碎或发芽后喂饲，发芽可提高消化率，增加核黄素含量，适合配种季节饲喂。

2.糠麸类饲料

糠麸类饲料是面粉厂和碾米厂谷物加工的副产品，主要包括小麦麸、大麦麸、米糠、高粱糠、大豆皮。与对应的谷类相比，它们中的淀粉成分明显较低，而粗蛋白质、粗纤维、B族维生素及矿物质含量提高，不足之处在于含钙量极少，含磷量高，禽对这类饲料的吸收利用差，同时它们吸水性强，容易发霉、变质，尤其是米糠含脂肪多，容易酸败，难于贮存。

3.块根茎类饲料

马铃薯、木薯、南瓜、甘薯、胡萝卜等含碳水化合物多，含水分高，适口性强，主要是易消化的淀粉和戊聚糖，但干物质相对较少，能值、粗蛋白低。除少数散养鸡饲喂外，一般使用较少。适量添加有利于降低饲料成本，提高生产性能。马铃薯、甘薯煮熟以后喂饲则消化率高。发芽的马铃薯含有毒物质，宜去芽后再喂，清洗和煮沸马铃薯的水要倒掉，以免中毒。山芋的淀粉含量高，多习惯蒸煮后拌于其他饲料中喂给，也可制成干粉或打浆后与糠麸混拌晒干贮存。

4.油脂类饲料

目前用作饲料的油脂以动物性油脂为主，植物性油脂用得较少。油脂类饲料含能量比其他任何饲料都高。脂肪饲料可作为脂溶性维生素的载体，提高日粮中的能量浓度，减少料末飞扬和饲料浪费。但油脂类饲料易氧化、酸败和变质，在使用时需同时添加抗氧化剂来减缓和抑制氧化反应过程。

（二）蛋白质饲料

蛋白质饲料和能量饲料一样均属于精饲料的范畴，它在配合饲料中所起的作用主要是提供蛋白质。凡是干物质中粗蛋白含量达到20%以上、粗纤维含量低于18%的都属于蛋白质饲料，蛋白质饲料在配合饲料中的用量比能量饲料少得多，一般在日粮中占10%～20%。

蛋白质饲料主要包括植物性蛋白质饲料和动物性蛋白质饲料。植物性蛋白质饲料以各种油料作物籽实榨油后的饼粕为主，有大豆、棉籽、花生、菜籽等饼粕；动物性蛋白质饲料包括鱼粉、肉粉及肉骨粉、血粉、羽毛粉、蚕蛹粕（粉）等。

1.植物性蛋白质饲料

（1）大豆饼。含粗蛋白40%～45%，是最优良的植物蛋白饲料。赖氨酸含量和蛋白质营养价值都很高，B族维生素含量较多，缺少维生素A、维生素D，含钙量少。由于豆饼中含有抗胰蛋白酶，影响蛋白质的消化吸收，通过高温热处理可以破坏抗胰蛋白酶，增进适口性，提高蛋白质的消化率和利用率。豆饼粕营养全面，适口性好，可占混合饲料的10%～20%。

（2）花生饼。含粗蛋白42%～48%，富含精氨酸、组氨酸，但赖氨酸、蛋氨酸较少，粗纤维含量低。适口性好，但因脂肪含量高，不耐储存，容易染上黄曲霉而产生黄曲霉毒素，危害鸡体健康，故生长黄曲霉的花生饼不能饲用。花生饼一般可占混合饲料的15%～20%。

（3）芝麻饼。含粗蛋白含量在40%左右，蛋氨酸含量高，脂肪多而不宜久贮，最好现粉现喂。适当与豆饼配合使用，可改善饲料营养价值，提高蛋白质的利用率。

（4）菜籽饼。因含有黑介素和白介素，喂前需进行脱毒处理。菜籽饼的蛋白组成中，赖氨酸、蛋氨酸含量较高，精氨酸含量较低，若与棉籽饼配合使用，可改善饲料营养价值。

（5）棉籽饼。其含有的游离棉酚，是一种有害物质，危害鸡体健康，喂前应进行脱毒处理。由于蛋白质含量较高，纤维含量较大，因此一般不超过混合饲料的7%。未经脱毒的棉籽饼喂量不能超过混合饲料的3%～5%。

2.动物性蛋白质饲料

（1）鱼粉、骨肉粉。蛋白质含量高，在40%～90%，富含各种必需氨基酸，特别是植物性饲料缺乏的赖氨酸、蛋氨酸和色氨酸都比较多。含有丰富的B族维生素（特别是维生素B_2和维生素B_{12}）和钙、磷等矿物质，对雏鸡的生长和产蛋、配种都有良好的效果。这类饲料含无氮浸出物特别少，粗纤维几乎等于零，是最优质的动物蛋白质，可占混合料的5%～10%。

（2）羽毛粉、猪毛粉、血粉。水解的羽毛粉和猪毛粉含有近80%的蛋白质，过去认为其生物价值低，现已清楚其主要缺点在于蛋氨酸、赖氨酸、色氨酸和组氨酸含量低，如注意解决饲粮中的氨基酸平衡问题，也是一个蛋白质来源。

（三）矿物质饲料

矿物质饲料主要补充混合料中矿物质的不足，可占混合料的0.3%～9%。

（1）贝壳、石粉、蛋壳等。均含钙量高，是钙的主要来源。贝壳粉钙含量高，易被鸡吸收，在饲粮中最好有一部分小碎块。蛋壳需经过清洗、煮沸和粉碎后使用。产蛋母鸡宜多用，其他鸡宜少用。石粉价格便宜，含钙量高，但鸡不宜吸收，饲粮中含量不得过高。

（2）骨粉和磷酸钙。主要补充钙、磷。骨粉一般以蒸制的质量较好，要注意选择，防止腐败。可占混合料的1%～1.5%。

（3）食盐。主要补充混合料中钠的不足，常占混合料的0.25%～0.3%。喂咸鱼粉时可不另加食盐，并应弄清含盐量，以免盐量过多而饮水增加，粪便过稀，严重时造成中毒。

（4）砂砾。有助于鸡肌胃的研磨力，常于鸡1月龄后补加，能提高饲料的利用率，可占混合料的0.5%～1%。

（四）维生素饲料

鸡对维生素需要很少，但维生素在鸡的生长发育中起重要作用，如果缺乏维生素会使鸡的生长发育受阻而引起疾病的发生。大鸡场都是使用复合维生素。

小规模养鸡，可利用青饲来补充维生素需要。青饲料和干草粉是主要的维生素来源，青饲料中胡萝卜素和某些B族维生素丰富，并含有一些微量元素，对于鸡的生长、产蛋、繁殖、维持鸡体健康具有良好作用。青饲料以幼嫩时期或绿叶部分含维生素较多。

（五）饲料添加剂

饲料添加剂是指为了完善饲料的营养价值，提高动物健康水平，促进动物生长，提高生产性能和饲料利用率，改善饲料的物理特性，增加饲料耐贮性，改善畜产品的品质等特定的目的，而以微小剂量添加到饲料中的一种或多种物质。

添加剂的种类很多，除维生素、微量元素外，还有氨基酸添加剂，促生长剂、预防疾病的激素类，化学药物，抗生素添加剂，防止饲料成分氧化的抗氧化剂等。

（1）维生素、微量元素添加剂。可分雏鸡、育成鸡、产蛋鸡和种用鸡等添加剂。当鸡患病或在运输、转群、注射疫苗、断喙等处于逆境时，尽管饲粮配合完善，某些维生素缺乏时可使用抗逆境添加剂。

（2）氨基酸添加剂。目前人工合成的氨基酸主要是蛋氨酸和赖氨酸。氨基酸添加剂可以促进动物生长发育，改善肉质，提高产蛋量，节省蛋白质饲料，降低成本，提高饲料利用率。

（3）抗氧化剂。抗氧化剂即为防止或延缓饲料中某些活性成分发生氧化变质而添加于饲料中的制剂。主要用于含有高脂肪的饲料，以防止脂肪氧化酸败变质，也常用于含维生素的预混料中，它可防止维生素的氧化失效。

添加剂用量小，必须用扩散剂预先混合后，再放入配合饲料中去，否则混合不均，容易发生营养欠缺，药效不佳或发生中毒。

三、肉鸡饲料配制技术

（一）肉鸡饲料的分类

肉鸡饲料按营养成分一般分为全价配合饲料、浓缩饲料和添加剂预混饲料3类。

1.全价配合饲料

全价配合饲料又称全价饲料，它是采用科学配方和通过合理加工而得到营养全面的复合饲料，能满足鸡的各种营养需要，经济效益高，是理想的配合饲料。全价配合饲料可由各种饲料原料加上预混料配制而成，也可由浓缩饲料稀释而成。全价配合饲料按照形状又分为粉状饲料和颗粒饲料。肉用仔鸡采集颗粒饲料比采食粉状饲料可节省1/3的时间，可以减少鸡在采食过程中的能量消耗从而节约饲料。全价颗粒饲料非常适合于开食阶段的雏鸡和商品肉鸡肥育期使用，促进其快速生长，缺点是加工成本较高。

2.浓缩饲料

浓缩饲料又叫平衡用混合饲料和蛋白质补充饲料。它是由蛋白质饲料、矿物质饲料与添加剂预混料按规定要求混合而成。不能直接用于喂鸡。一般含蛋白质30%以上，与能量饲料的配合比应按生产厂的说明进行稀释，通常占全价配合饲料的20%～30%。浓缩饲料是目前饲料公司生产的主要饲料种类，降低了饲料运输和包装费用，养殖场、户用浓缩饲料加入一定比例的能量饲料（玉米、麸皮等），就可制成营养全面的配合饲料。

3.添加剂预混料

添加剂预混料由各种营养性和非营养性添加剂加载体混合而成，是一种饲料半成品。可供生产浓缩饲料和全价饲料使用，其添加量为全价饲料的1%～5%。添加剂预混料适合于能量饲料和蛋白质饲料、有饲料加工设备的种鸡场和大型养鸡场使用，其成本低于全价配合饲料和浓缩饲料。

（二）饲料配制原则

1.科学性

饲料配制以肉鸡饲养标准为依据。考虑肉鸡对主要营养物质的需要，结合鸡群生产水平和生产实践经验，对饲料标准某些营养指标可用10%上下的调整。在确定适宜的能量水平时，要以饲养标准为依据，不可与标准差别太大，因为肉仔鸡日粮就是要求高能量、高蛋白，当能量水平过低时会影响日增重，降低饲料报酬。

2.多样化

多种饲料搭配使用，可发挥各种营养成分的互补作用，提高营养物质的利用率。各类饲料的肉仔鸡日粮中比例大致如下：谷物饲料50%～70%，糠麸类饲料5%以下，植物性蛋白质饲料15%～25%，动物性蛋白质饲料2%～7%，矿物质饲料1%～2%，添加剂1%，油脂1%～4%。

3.安全性

制作饲料配方选用的各种饲料原料，包括饲料添加剂在内，必须注意安全，保证质量，对其品质、等级必须经过检测。饲料卫生标准代号GB13078-91，是国家强制性标准，必须执行，否则就违法。

4.实用性和经济性

制作饲料配方必须保证较高的经济效益，以获得较高的市场竞争力。为此，应因地制宜，充分开发和利用当地饲料资源，选用营养价值较高而价格较低的饲料，尽量降低配合饲料的成本。

（三）饲料配方的设计方法

一般养殖户可用试差法、四边形法等计算所需配方。手算配方速度较慢，随着计算机的普及应用，利用计算机进行线性规划，使这一过程大大加快，配方成本更低。

试差法，仍是目前国内饲料配方计算较普遍采用的方法之一，又称凑数法。它的优点是可以考虑多种原料和多个营养指标。具体做法是：首先根据经验初步拟出各种饲料原料的大致比例，其次用各自的比例去乘以原料所含的各种养分的百分含量，最后将各种原料的同种养分之积相加，即得到该配方的每种养分的总量。将所得结果与饲养标准进行对照，若有任一养分超过或不足时，可通过增加或减少相应的原料比例进行调整和重新计算，直至所有的营养指标都基本满足要求为止。调整的顺序为能量、蛋白磷（有效磷）、钙、蛋氨酸、赖氨酸、食盐等。这种方法简单易学，学会后就可以逐步深入，掌握各种配料技术，因而广为利用。

（1）找到所需资料。肉鸡饲养标准、中国饲料成分及营养价值表、各种饲料原料的价格。

（2）查询饲养标准。

（3）根据饲料成分表查出所用各种饲料的养分含量。

（4）按能量和蛋白质的需求量初拟配方。根据饲养工作实践经验或参考其他配方，初步拟定日粮中各种饲料的比例。肉仔鸡饲粮中各类饲料的比例一般为：能量饲料60%～70%，蛋白质饲料25%～35%，矿物质饲料等2%～3%（其中维生素和微量元素预混料一般各为0.1%～0.5%）。据此，先拟定蛋白质饲料用量，棉仁饼适口性差，含有毒物质，日粮中用量要限制，一般定为5%；鱼粉价格昂贵，可定为3%，豆粕可拟定20%；矿物质饲料等按2%；能量饲料如麸皮为10%，玉米60%。

（5）调整配方，使能量和粗蛋白质符合饲养标准规定量。方法是降低配方中某一饲料的比例，同时增加另一饲料的比例，两者的增减数相同，即用一定比例的某一饲料代替另一种饲料。

（6）计算矿物质和氨基酸用量。根据上述调整好的配方，计算钙、非植酸磷蛋氨酸、赖氨酸的含量。对饲粮中能量、粗蛋白质等指标引起变化不大的所缺部分可加在玉米上。

（7）列出配方及主要营养指标。维生素、微量元素添加剂、食盐及氨基酸计算添加量可不考虑。

第四节　商品肉鸡饲养管理技术

一、鸡舍及设备的消毒

（一）进鸡前熏蒸消毒

甲醛熏蒸应在进鸡前进行，转群后空的鸡舍、孵化器也可用熏蒸消毒法。每平方米用福尔马林（40%甲醛溶液）42毫升、高锰酸钾21克，密闭熏蒸24～48小时。用甲醛熏蒸消毒时，温度保持在20℃以上使用；环境相对湿度达到75%～90%。

熏蒸消毒时可将甲醛溶液加3～5倍的水，放入大容器中加热煮沸，直至将水蒸发耗干，提高了舍内湿度和温度，增强消毒的效果。

用高锰酸钾做氧化剂促使甲醛蒸发的熏蒸消毒方法时，在甲醛溶液中加入两倍量的水，为防止药物溅出使人灼伤，不得将高锰酸钾投入甲醛溶液中，应将加水的甲醛溶液缓缓加入放有高锰酸钾的大容器中。容器应选陶瓷或金属材质，不得用塑料等不耐热的容器，容器的容积应大于甲醛溶液加水后容积的3～4倍。熏蒸时计算舍内的体积，一般按每立方米用甲醛溶液8～46毫升计算用量。

用过氧乙酸熏蒸时，按每平方米空间用1～3克纯品，配成3%～5%溶液，加热产生气体熏蒸。

（二）人员消毒

工作人员进入生产区要经过洗澡、更衣、紫外线消毒。尤其是进入生产区直接接触鸡群的工作人员更需按程序消毒进场：脱衣→洗澡→更衣换鞋→穿消毒过的工作衣帽方可进入鸡舍进行工作。

严格控制外来人员进入，外来人员必须进生产区时，经批准后应和工作人员一样进行严格的消毒，洗澡后更换场内工作服和工作鞋，并遵守场内防疫制度，按指定路线行走。

检查巡视鸡舍的工作人员、生产区的技术人员及负责免疫工作的人员，应每免疫完一批鸡群，用消毒药水洗手，并用消毒药浸泡工作服，洗涤后在阳光下暴晒消毒。工作服、鞋帽于每天下班后挂在更衣室内，用足够强度的紫外线灯照射消毒。

工作人员进出不同鸡舍应换穿不同的橡胶长靴，将换下的橡胶长靴洗净后浸泡在另一消毒槽中，并洗手消毒。

（三）鸡舍消毒

新建鸡舍进鸡前彻底清扫、冲洗干净、自上而下进行喷雾消毒，饲喂用具均需清洗消毒。消毒药可选用酸类或季铵盐类如0.5%过氧乙酸、0.1%新洁尔灭等。

使用过的鸡舍转群或淘汰后的鸡舍要彻底清扫，清除所有垫料、粪便和污物，运往无害化处理区进行生物热消毒。将可以移动的设备和用具彻底清洗和消毒。禽舍全面消毒应按一定的顺序进行，一般是禽舍排空、清扫、冲洗、干燥、消毒、干燥、再消毒。

（1）排空。实行"全进全出"制的饲养原则，将所有的家禽在短期内全部清空，尤其是商品肉鸡。商品肉鸡舍每年饲养以4批为宜。

（2）清扫。为防止尘土飞扬，先用清水或消毒液喷洒排空后的禽舍，然后清扫。对风扇、通风口、天花板、横梁、吊架、墙壁等部位的尘土进行彻底清扫，清除饮水器、饲槽的残留物及所有垫草粪污。

（3）冲洗。经过清扫后，用动力喷雾器或高压水枪进行冲洗，按照从上而下，从里至外的顺序进行，对较脏的污物，先行人工刮除干净再冲刷，特别注意对角落、缝隙、设备背面的冲洗，做到不留死角，真正达到清洁。

（4）消毒。经彻底洗净待干燥后将整个鸡舍喷雾消毒。消毒使用2种或3种不同类型的消毒药进行2～3次消毒。通常第一次使用碱性消毒药，第二次使用表面活性剂类、卤素类等消毒药消毒。鸡笼等耐高温用具用火焰消毒。喷雾消毒后第3次常用福尔马林熏蒸消毒。

（四）带鸡消毒

实施定期带鸡消毒，一般在10日龄以后进行。每次在带鸡消毒时先要清扫污物，包括鸡笼、地面、墙壁等处的鸡粪、羽毛、污垢垫料及房顶、墙角蜘蛛网和舍内的灰尘清扫干净，再进行带鸡消毒。冬季喷雾前要注意适当提高舍温。在对鸡群接种弱毒苗的前后各3天内应停止喷雾消毒。

育雏期每周消毒2次，育成期每周消毒1次，成年鸡每2～3周消毒1次，发生疫情时每天消毒1次。喷雾时按由上至下、由内至外的顺序进行。冬季带鸡消毒时应将药液温度加热到室温，喷雾时舍内温度应比平时高3～5℃，配制的消毒液要一次用完。

喷雾时应关闭门窗，为减少应激可在傍晚或在暗光下进行。喷雾时喷嘴向上喷出雾粒，切忌直对鸡头喷雾，喷头距鸡体50～70厘米为宜，雾粒大小控制在80～120微米。每立方米空间用15～20毫升消毒液。最好每2～3周更换一种消毒药。选用广谱、高效，人、鸡吸入毒性、刺激性及皮肤吸收小的消毒药，常用带鸡消毒的消毒药有0.1%过氧乙酸、0.15%新洁尔灭、0.2%～0.3%次氯酸钠等。

（五）用具消毒

饮水器、料槽、料桶、水箱等用具每周至少清洗消毒一次。可用0.1%新洁尔灭或0.2%～0.5%过氧乙酸消毒。

舍内舍外用具应分开、运输饲料及运载粪便的工具应严格分开。每天清除完鸡粪后，所用用具必须清洗干净并进行消毒。

免疫用的注射器、针头及相关器材每次使用前、后均应煮沸消毒。化验用的器具和物品在每次使用后也需消毒。

蛋箱、雏鸡箱和鸡笼必须经过严格的消毒，所有工具应事先刷洗干净，干燥后进行熏蒸消毒后备用。

（六）粪便消毒

每天清除鸡粪，并及时通过运粪车运往无害化处理区，利用生物热消毒法对鸡粪进行发酵处理，稀薄粪便注入发酵池或沼气池，干粪堆积发酵。对运粪污所用的器具、车辆进行消毒。

（七）病死鸡消毒

病死鸡应进行高温焚烧或深埋发酵处理。发生传染病时，全场彻底清洗消毒。病死鸡按照GB16548进行无害化处理，消毒按照GB/T16569及国家有关相应标准执行。

二、快大型肉鸡的饲养管理

（一）饲养方式和饲养密度

1.饲养方式

快大型肉仔鸡早期生长速度快，饲料转化率高，但抵抗力弱，抗应激能力弱。饲养方式通常有地面平养、网上平养、笼养3种方式，饲养密度依次增加。

（1）地面平养。地面平养对鸡舍的要求较低，在舍内地面上铺5～10厘米厚的垫料，定期打扫更换即可。或用15厘米厚的垫料，一个饲养周期更换一次。平养鸡舍最好地面为混凝土结构；地面平养的优点是设备简单，成本低，胸囊肿及腿病发病率低；缺点是需要大量垫料，占地面积大，使用过的垫料难于处理，且常常成为传染源，易发生鸡白痢及球虫病等。由于肉鸡饲养逐步向标准化、规模化、自动化方面发展，目前已不提倡地面平养。

（2）网上平养。网上平养有利于充分利用育雏设备和加快肉用仔龄后期的发育。网上平养的设备是在鸡舍内饲养区全部铺上离地面高60厘米的金属网，或木、竹栅条，或用钢筋支撑的金属地板网上再铺一层弹性塑料方眼网。鸡粪落入网下，减少了消化道病一再感染，尤其对球虫病的控制有显著效果。用木、竹栅条平养和弹性塑料网平养，胸囊肿的发生率可明显减少。网上平养易于控制鸡舍温度、湿度，便于通风换气，提高饲养密度，缺点是设备成本较高。

（3）笼养。笼养优质肉鸡近年来愈来愈广泛地得到应用。鸡笼的规格很多，大体可分为重叠式和阶梯式两种，层数有3层、4层。笼养与平养相比，单位面积饲养量可增加1倍左右，有效地提高了鸡舍利用率。由于鸡限制在笼内活动，采食量及争食现象减少，发育整齐，增重良好，育雏率高，可提高饲料效率5%～10%，降低总成本3%～7%；鸡体与粪便不接触，可有效地控制白痢和球虫病蔓延；不需垫料，减少垫料开支，减少舍内粉尘；转群和出栏时，抓鸡方便，鸡舍易于清扫。过去，肉鸡笼养存在的主要缺点是胸囊肿和腿病的发生率高。近年来，改用弹性塑料网代替金属底网，大大减少了胸囊肿和腿病的发生。用竹片作底网，效果也好。

笼养肉鸡具有的优点：提高单位空间利用率；饲料效率可提高5%～10%，降低成本3%～7%；节约药品费用；无需垫料，节省开支；提高劳动效率；便于公母分开饲养，实行科学的管理，提高增重速度；同时可以有效控制疾病的发生。

2.饲养密度

肉鸡是否应该高密度饲养，要根据具体条件而定。饲养日龄越大，密度越低。此外饲养密度与季节、气温、通风条件有密切关系。冬季可增加3～5只/平方米。一般成年鸡地面平养、网上平养、笼养每平方米成年鸡的密度分别为10只、15只、20只左右。

3.饲养规模

现代肉鸡生产常常采用高密度的集约化、专业化经营。在发达国家，由于肉鸡业实行了全自动化饲养，肉用鸡场已发展得很大，一个人能毫无困难地管理数万乃至数十万只鸡，只在第一周工作最繁忙时需要一些额外的帮助。

我国肉鸡生产的规模以前多为小户经营，一般每批产量在几千只以内。小规模生产的好处是投资小，缺点是自动化较落后，耗料多，生产成本高。近几年我国肉鸡呈现出规模化发展的势头，新建鸡舍很多是标准化鸡舍，每一栋鸡舍可容肉鸡1万～3万只，自动饮水、自动给料和自动清粪也得到了广泛应用。规模生产经营，才能取得一定的利润。本书推荐新建肉鸡养殖场采用标准化鸡舍建设方式，鸡场规模存栏在2万～10万只，年出栏5～6批为宜。

（二）进雏前准备

1.设备检修及鸡舍消毒

对鸡舍通风、照明等设施全面检修，每批鸡出栏后应对鸡舍实施打扫、清洗、熏蒸消毒和灭虫、灭鼠，对饮水器、料桶等进行清洗消毒。鸡舍清理完毕到进鸡前空舍至少2周。

2.育雏室预热

在育雏前两天对育雏室进行加温，一般要达到33～35℃。

3.选雏

雏鸡应来自具有种畜禽经营许可证的种鸡场。要求雏鸡大小和颜色均匀、清洁、干燥、绒毛松而长，带有光泽；眼睛圆而明亮，行动机敏、健康活泼；腹部柔软，卵黄吸收良好；脐部愈合良好且无感染；肛门周围绒毛不粘贴成糊状；脚的皮肤光亮如蜡，不呈干燥脆弱状；雏鸡无任何明显的缺陷，如拐腿、斜颈、眼睛缺陷或交叉喙等。

4.运输

雏鸡启运后最好能在48小时内到达目的地，时间过长对雏鸡的生长发育有较大的影响，要防寒、防挤压、防热、防缺氧。雏鸡到达目的地后，及时将雏鸡移到舍内，点数，然后均匀放置在水源和热源处，雏鸡供水约1小时后再给料。

（三）饲养管理

1.饮水管理

雏鸡进入育雏室稍微休息后即可饮水。第一次饮水最好用温开水或在水中添加葡萄糖、电解质和多维类添加剂，以恢复体力。以后即采用自由饮水，确保饮水器不漏水，防止垫料和饲料霉变。饮水器要求每天清洗、消毒。饮水器或自动饮水器距离地面的高度随日龄的增长要不断调整。

2.喂料管理

自由采食和定期饲喂均可。育雏期间添料遵循少喂勤添的原则，采取人工添料，使用料盘而非料槽添料，育雏期间饲喂人工添料的次数为6～8次/天，做到少喂勤添，增加鸡的采食量。肉鸡在育成期添料实行上料机上料，一般每天上料两次，同时根据日龄的增加，改变上料次数。在育成期间使用上料机的同时应该采取与人工添料相结合，这样可以避免因料槽缺料而影响肉鸡的正常生长。上市前7天，饲喂不含任何药物及药物添加剂的饲料，一定要严格执行停药期。每次添料根据需要确定，尽量保持饲料新鲜，防止饲料发生霉变。

3.鸡舍内温度的控制

1日龄的肉仔鸡温度一般要求在33～36℃，第一周30～33℃，第二周27～29℃，第三周24～26℃，第四周21～23℃，以后保持20℃左右即可。饲养员应该时刻检查鸡舍内的温度，避免温度忽高忽低，造成雏鸡的抵抗力降低。通常情况下鸡只的表现可反映鸡舍温度情况，温度适宜，鸡群分散均匀，食欲旺盛；温度过低，雏鸡闭眼尖叫，分群挤堆，挤向火源或光亮的地方；温度过高，鸡只张开翅膀喘气，不愿采食，饮水量增加。

4.鸡舍内光照的控制

进雏后可采用1～2天通宵照明，其他时间在晚上停照1小时的人工照明。全封闭鸡舍还可采用1～2小时光照，2～4小时黑暗的间歇光照方法。

肉用仔鸡不宜采用强光，强光会刺激鸡的兴奋性，增加鸡的运动量，影响增重。可在育雏的1～3天给予较强的光照，以后逐渐降低，到第四周后采用弱光，以鸡能看到采食处和饮水处为原则。具体说育雏期采取10～20勒克斯的光照强度，一般选择10勒克斯为宜（光照时间单位：20勒克斯相当于3.3瓦/米、10勒

克斯相当于1.7瓦/米）；育成期鸡舍内光照强度一般选择5勒克斯为宜。

5.鸡舍内通风的控制

通风不足易产生有害气体排出不足以及供氧不足；通风过度，特别是冬季时，雏鸡易感冒着凉，继发白痢等疾病。通风时间最好选择在晴天的中午前后。通风时间不宜过长，但通风次数可适当多些。通风换气时应缓慢进行，通过布帘或其他屏障，使外界冷空气在流进室内的过程中逐渐变温。

目前，很多现代化鸡舍安装了自动控制器，其中包括温控器，通过控制风机的开启与关闭做到鸡舍内的通风和换气。育雏期间风机设置，开启温度设置为35℃，关闭温度为33℃，即当鸡舍内温度高于35℃时风机自动开启，当鸡舍内温度低于33℃时风机又自动关闭。同时在白天和晚上适当打开鸡舍两边的窗户，增加通风换气量，避免鸡舍内通风换气量不足而造成缺氧。随着雏鸡日龄的增加，不断调整温控器上温度的设置值，如21日龄后风机的开启与关闭设置为1℃的温差，即风机的开启温度为27℃，关闭温度为26℃，通过鸡舍内风机的开启和关闭控制鸡舍内的通风换气量，做到鸡舍内有充足的氧气而无异味。

6.鸡舍内湿度的控制

入舍前两天湿度为7%，1～2周育雏期鸡舍内的湿度应保持在60%～65%，增加鸡舍内的湿度可以通过在舍内摆放数个盛水的盆子，通过蒸发来增加鸡舍内的空气湿度，也可以通过定期消毒增加舍内湿度。不建议采取向地面洒水或者是安装喷头来增加鸡舍内的湿度。2周以后鸡舍内的湿度需保持在40%～60%，适宜的湿度有利于肉鸡的正常生长。湿度不能过高或过低，如果湿度过低容易引起肉鸡的脱水、羽毛生长不良、皮肤干燥，空气中灰尘飞扬，易诱发呼吸道疾病。夏季如果湿度过高容易引起鸡体蒸发散热受阻，采食量减少，饮水量增加的问题，且易引起中暑；冬季湿度过高则引起鸡体失热过多，采食量增大，饲料消耗增多，导致料肉比增加，增加养殖成本。

7.公母鸡分群饲养技术

（1）公母分群的理论依据。实行肉仔鸡公母分群饲养，是近年来随着肉鸡育种水平和初生雏性别鉴定技术的提高而发展起来的一种饲养方法。其理论依据是公鸡生长快、母鸡生长慢，4周龄时公鸡比母鸡体重大13%左右，6周龄时大20%左右。母鸡对日粮中能量水平需求高，公鸡对日粮中蛋白质含量要求高。公鸡长羽慢，母鸡长羽快。

（2）公母分群饲养的优势。分群饲养，按照性别差异分别配制饲料，避免了营养摄入的浪费。试验证明，公母鸡分群饲养，平均出栏体重比混养方式提高8%~13%，饲养期缩短3~5天，料肉比减小，经济效益提高40%左右。可以根据公母鸡生长速度不同，确定不同的上市日龄，适应市场需要。公母鸡分群饲养方式使鸡群发病率、死淘率都大大低于混养方式。

公母分群饲养的主要管理措施：一是根据营养需要不同，饲喂不同饲料。在饲养前期公雏日粮的蛋白质含量可达24%~25%，母雏只需要21%。二是根据生长发育不同，供给不同温度。公雏1日龄35~36℃，母雏33~34℃，以后每天降低0.5℃，每周降3℃。三是根据易发病情况，采取不同饲养方法。公鸡体重大，胸囊病发病率高，要选择质地柔韧、弹性大、硬度小的网片。

8.其他日常管理

（1）防止鸟和鼠害。控制鸟和鼠进入鸡舍，饲养场院内和鸡舍经常投放诱饵灭鼠和灭蝇。鸡舍诱饵注意投放在鸡群不易接触的地方。

（2）废弃物处理。使用垫料的饲养场，采取肉鸡出栏后一次性清理垫料，饲养过程中垫料过湿要及时清出，网上饲养户应及时清理粪便。清出的垫料和粪便在固定地点进行高温堆肥处理，堆肥池应为混凝土结构，并有房顶。粪便经堆积发酵后可作农业用肥。

（3）生产记录。建立生产记录档案，包括进雏日期、进雏数量、雏鸡来源，饲养员；每日的生产记录包括：日期、肉鸡日龄、死亡数、死亡原因、存栏数、温度、湿度、免疫记录、消毒记录、用药记录、喂料量、鸡群健康状况、出售日期、数量和购买单位。记录应保存两年以上。

（4）保持环境安静。肉用仔鸡胆小易惊，很容易发生应激而影响正常生长发育。要求鸡舍周围没有产生噪声的工厂，没有汽车、拖拉机等的轰鸣声，饲养人员动作也要轻，防止惊群。

（5）肉鸡出栏及运输。肉鸡出栏前6~8小时停喂饲料，但可以自由饮水。肉鸡运输一般用鸡筐码放在运输车上的方式。冬春运输要注意防寒保暖，夏季注意防暑降温。运输中途尽量减少停车，必须停车的，夏季要找通风阴凉的地方。

第四章　畜禽养殖疫病防控技术

第一节 生猪主要疫病防控技术

一、繁殖障碍疾病防治

引起猪繁殖障碍的疾病主要有猪繁殖与呼吸综合征、伪狂犬病、猪细小病毒病、猪流行性乙型脑炎、猪弓形虫病、猪附红细胞体病等。

（一）猪繁殖与呼吸综合征

猪繁殖与呼吸综合征是一种急性、高度传染性的病毒性传染病，是危害养猪业最严重的病毒性疾病之一。猪是唯一的易感动物，各种年龄、品种和用途的猪均可感染，新生仔猪和断奶前仔猪发病率和死亡率都很高；生长猪和育肥猪发病率高，死亡率低，症状比较温和。呼吸道是该病的主要感染途经，空气传播和感染猪的流动是主要的传播方式。该病一年四季均可流行，没有明显的季节性。

1.临床症状

猪群常见多种临床表现，主要有厌食、发热、呼吸急促、嗜睡，有时可见皮肤变色，包括蓝耳、腹部内外和阴部发绀，呼吸症状包括呼吸困难和咳嗽。这些症状常见于发病后5~7天，严重者可发生死亡。种母猪还表现为生殖障碍，包括早产、后期流产、产死胎、胎儿木乃伊化、产弱仔猪等，有些母猪产仔率下降或推迟发情，甚至有的导致不孕。部分新生仔猪表现呼吸困难，运动失调及轻瘫等症状。种公猪精液质量下降，数量减少，发病率较低，症状表现厌食，呼吸加快，消瘦，无明显发热现象。仔猪断奶前的高发病率和死亡率是该病的另一特征。仔猪呈明显呼吸症状，发育不良、体质弱，常在病发后一周内死亡。育肥猪及生长猪对该病易感性较差，感染后仅表现轻度的症状，呈一过性的厌食及轻度的呼吸困难。少数病例表现为咳嗽及双耳背面、边缘、腹部及尾部皮肤出现一过性的深紫色或斑块，死亡率低。如有继发感染，可见继发病的相应症状，使临诊表现更为复杂，应注意鉴别。

2.防治措施

猪群暴发该病后，一般防治措施效果不佳，可采取先抗病毒中药治疗，然

后使用疫苗注射，猪感染该病之后易继发其他细菌或病毒感染，应用抗生素可控制继发感染。

（二）伪狂犬病

伪狂犬病是由伪狂犬病病毒引起的家畜和野生动物的一种急性传染病。该病广泛分布于世界各国，近几年来，该病对我国养猪业构成严重威胁。该病多发生在冬、春季节，在常年产仔情况下季节性不明显。哺乳仔猪日龄越小，发病率和死亡率越高，几乎达100%；随日龄增长，发病率和死亡率下降，断乳仔猪多不发病；成年猪多呈隐性感染。

1.临床症状

新生仔猪及4周龄以内仔猪，常突然发病，体温升高，病猪精神委顿、厌食、呕吐或腹泻；随后可见兴奋不安、运动失调、全身肌肉痉挛，或倒地抽搐；有时呈不自主地前冲、后退或转圈运动。随着病程发展，出现四肢麻痹，倒地侧卧、头向后仰、四肢乱动、叫声嘶哑、喘气，最后死亡，病程1～2天，死亡率很高。4月龄左右的猪多表现轻微发热、流鼻液、咳嗽、呼吸困难，有的出现腹泻，几天可恢复，也有部分出现神经症状而死亡。妊娠母猪发生流产、死胎或木乃伊胎，产出的弱胎，多在2～3天死亡。流产率可达50%，产后约有20%的母猪不能受胎。成年猪一般呈隐性感染，有时见上呼吸道卡他性炎症。

2.防治措施

在病猪出现神经症状之前，注射高免血清或病愈猪血液，有一定疗效，但是耐过猪长期携带病毒，应继续隔离饲养。对下一批猪可采取尽早实施滴鼻免疫，以降低该病的发病率。

（三）猪细小病毒病

猪细小病毒病是由猪细小病毒引起猪的繁殖障碍性疾病。该病曾在我国较多的猪场发生，特别是在规模化猪场，引起暴发流行，造成相当大的危害。不同品种、各种年龄、不同用途的猪都可感染。该病有较高的感染性，易感的健康猪群一旦传入病毒，3个月内几乎能导致100%的感染。该病主要见于初产母猪，呈地方流行或散发，特别是猪群初次感染时，可呈急性暴发，造成头胎母猪流产、产死胎等繁殖障碍。该病主要发生在春、秋产仔季节。

1.临床症状

该病主要临床症状表现为母猪繁殖障碍，怀孕母猪产出大部分死胎、木乃伊胎、畸形胎或产少数弱仔，不久即死亡。感染母猪可重新发情、受孕，有时也可导致公、母猪不育。公猪感染后，受精率和性欲没有明显变化。

2.防治措施

目前，对该病无有效治疗方法。可对病猪实施对症疗法，给早产仔猪和弱猪及时止泻补液，补充VE、电解质，减少应激反应，防止继发感染，淘汰无治疗与经济价值的病猪。

（四）猪流行性乙型脑炎

猪流行性乙型脑炎又名日本乙型脑炎，简称乙脑，该病是由乙型脑炎病毒引起的一种人兽共患传染病。该病在热带地区全年均可发生，无明显的季节高峰，而在亚热带及温带地区，流行集中于夏末秋初，有明显的季节性，多集中在7—9月（怀孕猪产死胎一般表现在9—11月），由于我国地域辽阔，南北方还略有差异。猪大多在6月龄左右发病，感染率高，发病率低（20%~30%），死亡率低；新疫区发病率高，病情严重，以后逐年减轻，最后多呈无症状的带毒猪。

1.临床症状

猪自然感染乙脑后，很少出现症状，人工感染的潜伏期为3~4天。病猪常突然发病，体温升至40~41℃，呈稽留热，精神沉郁，食欲减少或废绝，结膜潮红，粪便干燥。有的猪后肢呈轻度麻痹，步态不稳，关节肿大，跛行，最后麻痹死亡。近年来乙脑多造成死胎，流产较少。妊娠母猪流产多发生在妊娠后期，流产时乳房胀大，流出乳汁，常见胎衣停滞，自阴道流出红褐色或灰褐色黏液。流产胎儿呈死胎、木乃伊胎和弱胎，同胎也见正产胎儿，发育良好。这种猪仍能发情、配种。病公猪除有一般症状外，常发生一侧性睾丸肿大，也有两侧性的，患病猪睾丸阴囊皱襞消失、发亮，有热痛感，经3~5天后肿胀消退，有的睾丸变小变硬，失去配种能力，如仅一侧发炎，仍有配种能力。

2.防治措施

目前未发现有良效的化学药品和抗生素，为了防止继发感染，可应用抗生素或磺胺类药物。

脱水疗法：治疗脑水肿、降低颅内压。常用的药物有20%甘露醇、25%山梨醇、10%葡萄糖溶液，静脉注射10~200毫升。

镇静疗法：对兴奋不安的病猪可用氯丙嗪3毫克/千克体重。

退热镇痛疗法：若体温持续升高，可使用安替比林10毫升或30%安乃近5毫升，肌肉注射。

（五）猪弓形虫病

弓形虫病为人畜共患寄生虫病，不同品种、年龄、性别的猪均可发生，无明显季节性，但以7—9月高温、闷热、潮湿的暑天多发。

1.临床症状

重症病猪症状表现为体温上升到40.5～42℃，稽留7～10天，减食或废食，粪干带黏液（仔猪多见水样腹泻），有的便秘、下痢交替。呼吸困难浅而快，严重时呈犬坐式呼吸、流鼻液，有时咳嗽。有的猪发生呕吐。腹股沟淋巴结肿大，末期在耳翼、鼻端、下肢、股内侧及腹部出现紫红斑和小出血点，最后卧地不起，呼吸极度困难，体温下降而死亡，有的猪死时口流泡沫样液体。怀孕母猪主要表现为高热、废食、昏睡数天后流产、产出死胎或弱仔。病情轻的仅有体温升高、呼吸困难等症状。有的病猪耐过极期后症状减轻，遗留咳嗽，呼吸困难，后躯麻痹、运动障碍、斜颈、痉挛等神经症状，有的呈现视网络脉络膜炎甚至失明。慢性病猪变僵猪。临床症状与猪瘟、肺疫、流感、伪狂犬病等有相似之处，需仔细鉴别。

2.防治措施

因磺胺药对弓形虫病后期病猪体内弓形虫的包囊型虫体无效，故治疗应"用药早，疗程足"。可选用药物有：磺胺六甲氧嘧啶，每千克体重0.03～0.07克，24小时一次，肌注3～5天，重症病猪慎选；磺胺五甲氧嘧啶，每千克体重0.03～0.07克，12小时肌注一次，用3～5天；复合磺胺嘧啶钠，每千克体重0.015～0.02克，12小时一次，一般病情可选此药；强化长效抗菌剂：每千克体重0.05～1毫升，72小时注射一次；炎热痛，每60千克体重注射10毫升，12小时注一次，连用3～5天。重症病猪应对症治疗，如退热，大量输液，并用抗生素防止继发感染。病情控制后应继续治疗1～2天。

（六）猪附红细胞体病

猪附红细胞体病是由立克次氏体之猪附红细胞体感染猪所引起的一种传染性血液病。该病主要发生于温暖季节，夏秋季发病较多，尤其是多雨之后最易发病，常呈地方流行性。各种日龄的猪均可感染此病，但只有怀孕母猪容易发病，以哺乳仔猪的发病率和死亡率较高，有时可达80%～90%，其他猪多为隐性感染。猪在良好的饲养管理条件、卫生清洁的环境、合理的营养结构及机体防御机能健全的情况下，一般不会发生急性病例，或不表现临床症状。但是在应激、营养缺乏、不良环境以及其他疾病发生等因素而引起的机体抵抗力下降时，可大面积暴发该病。

1.临床症状

（1）急性期。主要发生于仔猪阶段，多突然死亡，死时口鼻流血，全身红紫，指压褪色。有的突然瘫痪，食欲下降或废绝，无端嘶叫或呻吟，肌肉颤抖，四肢抽搐。死亡时口内出血，肛门出血。这主要是由于消耗性血凝固病理作用，使血凝时间延长，血栓数量增加，引起机体出血。

（2）亚急性期。体温升高达42℃，呈稽留热。精神沉郁，食欲不佳，主要表现为前期便秘，大便干燥如算盘珠状，有的带肠黏膜，后期腹泻，排黄色或灰褐色水样稀便。尿色变重，呈黄色。有些猪颈部、耳部、鼻部、胸腹下部，四肢内侧、皮肤发红，指压不褪色，严重的出现全身紫斑，毛孔有铁锈色斑点，即红皮猪。有的猪两后肢不能站立，流涎，呼吸困难，咳嗽，眼结膜发炎。

（3）慢性期。主要表现为持续性贫血和黄疸。黄疸程度不一，皮肤或眼结膜呈淡黄色至深黄色。皮肤和黏膜苍白。母猪出现流产、死胎、弱仔增加、产仔数下降、不发情等繁殖障碍。母猪临产前后发病率较高，乳房、外阴水肿，产后泌乳量减少，缺乏母性。育成育肥猪主要表现为全身苍白，被毛粗乱无光泽，皮肤皲裂，层层脱落，不痒。生长发育不良，消瘦，易继发其他疾病，使临床症状更加复杂。公猪出现性欲减退，精子稀薄，受胎率低等现象。

2.防治措施

虫净（贝尼尔）按每千克体重5～10毫克，用生理盐水稀释成5%的溶液，深部肌肉注射，1天1次，连用3～5天。长效土霉素治疗，剂量为每千克体重10～20毫克口服、肌注或静注。金霉素（每千克体重15毫克）连用7天。饲料中添加洛克沙生50毫克/千克，或阿散酸100毫克/千克，连续使用30天。每1 000千克饲料混入土霉素600克，连续应用。对初生不久的阳性反应贫血仔猪，1～2日龄，注铁制剂200毫克和土霉素25毫克，2周龄时再注射同剂量铁制剂。生地20克、玄参20克、丹皮20克、赤芍20克、黄芩15克、石膏40克、荆芥15克、薄荷15克、柴胡20克、银花15克、连翘15克、板蓝根20克、甘草5克。以上为40千克体重猪的用量，根据体重变化可酌情增减。煎汤灌服，每日一次，连服1～2次。除用药物治疗外，应消除应激因素，驱除体内外寄生虫，以提高疗效。饲料中适当补充复合维生素和硫酸亚铁，饮水中稍加些盐。应用抗生素防止继发感染。病情严重的采取补液、强心，轻易不要使用退热药物。

二、呼吸系统疾病防治

引起猪呼吸系统疾病的主要有猪气喘病、猪传染性胸膜肺炎、猪传染性萎缩性鼻炎、猪肺疫、猪流行性感冒、猪呼吸与繁殖障碍综合征、链球菌病、仔猪断奶后多系统综合征。

（一）猪气喘病

猪气喘病（地方流行性肺炎）是由猪肺炎支原体引起的一种慢性、接触性传染病，主要临诊症状是咳嗽和喘气。该病多呈慢性经过，常有其他病菌继发感染，这是规模化养猪场常见的疫病之一，也是SPF猪场要求净化的疫病之一。猪气喘病不分年龄、性别、品种，任何猪都能感染发病，以哺育仔猪和刚断乳的幼龄猪最易感，患病后症状明显，死亡率高。该病一年四季均可发生，但一般在气候多变、阴湿寒冷的冬春季节发病严重，症状明显；该病以慢性经过为主。在新发病的猪群，常呈急性暴发，病势剧烈，发病与死亡均较多，随后渐渐缓和；在老疫区呈慢性或隐性经过，发病猪数少，病死率也低，多是仔猪发病。在自然感染的病例，常有巴氏杆菌、沙门氏菌等继发菌感染。

1.临床症状

（1）急性型。常见于新发病的猪群，尤以仔猪、孕猪和哺乳母猪更为多见。合群猪、屠宰场待宰猪或长途运输猪也多见本型。病猪突然发作，呼吸数剧增，呼吸次数每分钟可达40～70次，甚至达100次左右，小猪更明显。病的后期，呼吸急促，呼吸次数增多，病猪呈犬坐姿势，张口呼吸或将嘴支于地面喘息，咳嗽次数少而沉溺，似有分泌物堵塞，难以咳出。呼吸似拉风箱音，如有继发感染，体温可升至40℃，病猪精神委顿，食欲废绝，被毛粗乱，结膜发绀，怕冷，行走无力，最后因衰竭窒息而死。

（2）慢性型。常见于老疫群的中猪，多由急性型转变而来，但也有病猪一开始就取慢性经过。病猪常于气喘出现前就长期咳嗽，以清晨、晚间、运动以及进食后最易发生，初为单咳，严重时呈痉挛性咳嗽。不仅呼吸数增加，而且都有显著的腹式呼吸，夜静时可闻鼾声。病猪精神委顿，食欲减少，被毛粗乱，消瘦而衰弱，生长发育停止，体温一般正常。病程可拖延2～3个月，甚至长达半年以上，病死率不高。

（3）隐性型。指感染后不表现症状，或急性型、慢性型经过治疗，或在良好的饲养管理条件下不表现症状或症状消失，但X光检查或剖检时仍可发现肺炎病灶。

2.防治措施

鉴于该病的发生特点，早期治疗结合加强和改善饲养管理条件，才能收到一定效果。土霉素盐酸盐肌肉注射，早期使用有一定疗效，按每日每千克体重30～40毫克计算，用5%氯化镁溶液（药厂配有这种溶液）或5%葡萄糖溶液或4%硼砂土溶液稀释后肌肉注射，每天一次，连用5～7天为一疗程，必要时再加一疗程。卡那霉素肌肉注射，按每千克体重2万～4万国际单位计算，每日一次肌肉注射，连用3～5天为一疗程，或与土霉素油剂联合交替使用，可以提高疗效。泰乐菌素肌肉注射，按每千克体重8～10毫克，肌肉注射，每日一次，3天为一疗程。每吨饲料加入林肯霉素200克或金霉素100～200克，连喂3周。泰妙菌素（商品名：枝原净）每千克体重50毫克拌料喂服，连喂2周预防，如每千克体重100毫克拌料喂服，连喂2周，有治疗效果。实际工作中，还用其他抗菌药物治疗和缓解喘息的对症疗法，如猪喘平肌肉注射、壮观霉素肌肉注射等。中草药疗法甚多，可以试用。

（二）猪传染性胸膜肺炎

猪接触传染性胸膜肺炎是由胸膜肺炎放线杆菌引起猪的一种高度接触性、致死性的呼吸道传染病。在新引进猪群中多呈急性暴发，其发病率和病死率常在20%以上，最急性的病死率高达80%～100%。该病的发生受外界因素影响很大，一般无明显季节性，多见于晚秋冬春、气温剧变、潮湿、通风不良、密集饲养、管理不善等情况，尤其在猪重新组群、增加应激因素时多发。各种年龄均可感染，以6～10周龄猪最易感染。发病率和病死率依据各场的管理水平和采取的预防措施不同而异，发病率一般为8.5%～100%。各种年龄猪均易感染，以哺乳猪的发病率和死亡率较高，而育肥猪的死亡率较低。

1.临床症状

（1）最急性。型突然发病，体温升到41.5℃，精神沉郁、厌食，病猪卧地，无明显呼吸道症状，1～2天突然死亡。

（2）急性型。同圈或不同圈的许多猪同时发病，体温40～41℃，沉郁、拒食、咳嗽、呼吸困难，有时张口呼吸，呈犬坐姿势，病初耳、鼻、腿部皮肤发红，继而全身皮肤发绀，有时从鼻孔流出带血色泡沫液体，常出现心衰，发生死亡。

（3）亚急性或慢性型。常由急型转来，体温略有升高或不升高，食欲不振，阵咳或间断性咳嗽，增重缓慢。在慢性感染群中，常有隐性感染猪病，当受到其他病原菌继发或并发感染时（如肺炎支原体、多杀性巴氏杆菌、支气管败菌等），则临床症状加剧，病死率升高。

2.防治措施

早期用抗生素治疗有效，可减少死亡。青霉素、氨苄霉素、庆大霉素、卡那霉素、四环素、环丙沙星、磺胺类药物敏感，一般肌内和皮下注射，需大剂量并重复给药。

（三）猪传染性萎缩性鼻炎

猪传染性萎缩性鼻炎是由支气管败血波氏杆菌引起的一种慢性传染性呼吸道疾病。该病常发生于2～5月龄的猪，在我国呈散发性发生，也是SPF猪场要求净化的疫病之一。各种年龄的猪都可感染，最常见于2～5月龄的猪；在初生后几天至数周的仔猪感染时，症状较重，发生鼻炎后多能引起鼻甲骨萎缩；年龄较大的猪感染时，只表现鼻炎的一般症状，病状消退后成为带菌猪。猪圈潮湿、寒冷，猪群拥挤、缺乏运动、饲料单纯、缺乏蛋白质及缺乏钙、磷等矿物质，以及缺乏维生素等常易诱发该病，并加重病理过程。

1.临床症状

自然感染的潜伏期很难确定，鼻甲骨萎缩多在发病后的2～3个月才出现。而人工感染，最早的可见于接种后的第3周。感染的小猪出现鼻炎症状，打喷嚏，从鼻孔流出水样黏性或脓性分泌物，引起不同程度的鼻出血，分泌物中含血丝。病乳猪表现极度消瘦但体温正常。经2～3个月后，多数病猪进一步发展引起鼻甲骨萎缩，严重者鼻缩短、上下门齿错开，不能正常吻合。当一侧鼻腔病变较严重时，可造成鼻子歪向一侧，甚至成45°角歪斜。由于鼻甲骨萎缩，致使额窦不能以正常速度发育，以致两眼之间的宽度变窄，头的外形发生改变。病猪生长停滞，不死也难肥育，终成僵猪。

2.防治措施

一般不进行治疗，必要时才进行。对该菌敏感的抗菌药物主要有卡那霉素、庆大霉素、新霉素、磺胺类药物等，磺胺药被认为治疗该病较有效的药物，与抗菌增效剂合用效果更好。为了减少母猪的感染及传播，可于母猪产仔前在饲料中添加药物达到治疗目的。在母猪妊娠最后1个月内添加磺胺二甲嘧啶（每1 000千克饲料中加400～2 000克）；也可在每1 000千克饲料中加入SD200克或金霉素200克或青霉素100克或土霉素500克。

（四）猪肺疫

猪肺疫又叫猪巴氏杆菌病，俗称"锁喉疯"或"肿脖子瘟"。该病多发生于中、小猪，成年猪患病较少。一年四季都可发生，但以秋末春初气候骤变时发病较多；在南方多发生在潮湿闷热及多雨季节。猪只的饲养管理不当、卫生条件恶劣、饲养和环境的突然变换及长途运输等都可促使该病发生。

1.临床症状

（1）最急性型。俗称"锁喉风"和"大红颈"，常于流行初期不见明显症状，突然发生死亡。症状明显的可见体温升高至41～42℃，食欲废绝，精神沉郁、寒战，可视黏膜发绀，耳根、颈、腹等皮肤出现紫红斑。典型的症状是咽喉部的红、热、肿、痛急性炎症，触诊有热痛，重者可蔓延到耳根或颈部；致使呼吸极度困难，叫声嘶哑，常见两前肢分开站立，伸颈张口喘息，口鼻流出泡沫状液体，有时混有血液，严重时呈犬坐姿势，张口呼吸，最后窒息而死。病程短促，仅1～2天。

（2）急性型。为常见病型，主要表现为纤维素性胸膜肺炎。除败血症一般症状外，病初体温升高至40～41℃，精神差，食欲减少或废绝，病初发生干性短咳，后变湿性痛咳，鼻孔流出浆性或脓性分泌物，触诊胸壁有疼痛感，呼吸困难，结膜发绀，皮肤上有红斑，初便秘，后腹泻，消瘦无力，一般4～7天死亡，不死者常转为慢性。

（3）慢性型。主要表现慢性肺炎或慢性胃肠炎。初期症状不明显，继续发展则食欲和精神不振，持续性咳嗽，呼吸困难，鼻孔不时流出黏性或脓性分泌物，行走无力，有时皮肤上出现痂样湿疹，关节肿胀、跛行。如不加治疗常于发病后2～3周衰竭死亡。

2.防治措施

早期应用抗生素如青霉素、庆大霉素、链霉素等治疗有一定疗效。抗猪肺疫血清也可用于该病的治疗，如配合抗生素和磺胺类药物治疗，疗效更佳。为避免巴氏杆菌产生耐药性，在使用抗菌药物时，应选几种抗菌药物交替使用，并要连续用药。由于病猪的呼吸困难，不宜给病猪灌服药物或强制保定。治疗时动作要快，一般以皮下或肌内注射为宜。

（五）猪流行性感冒

猪流行性感冒是猪的一种急性、传染性呼吸器官疾病。其特征为突发，咳嗽，呼吸困难，发热及迅速转归。猪流感是猪体内因病毒引起的呼吸系统疾病。猪流感由甲型流感病毒（A型流感病毒）引发，通常暴发于猪之间，传染性很高但通常不会引发死亡。秋冬季属高发期，但全年可传播。猪流感多被辨识为丙型流感病毒（C型流感病毒），或者是甲型流感病毒的亚种之一。该病毒可在猪群中造成流感暴发。通常情况下人类很少感染猪流感病毒。

1.临床症状

该病的发病率高，潜伏期为2～7天，病程1周左右。病猪发病初期突然发热，精神不振，食欲减退或废绝，常横卧在一起，不愿活动，呼吸困难，激烈咳嗽，眼鼻流出黏液。如果在发病期治疗不及时，则易并发支气管炎、肺炎和胸膜炎等，增加猪的病死率。病猪体温升高达40～41.5℃，精神沉郁，食欲减退或不食，肌肉疼痛，不愿站立，眼和鼻有黏性液体流出，眼结膜充血，个别病猪呼吸困难，喘气，咳嗽，呈腹式呼吸，有犬坐姿势，夜里可听到病猪哮喘声，个别病猪关节疼痛，尤其是膘情较好的猪发病较严重。

剖检可见喉、气管及支气管充满含有气泡的黏液，黏膜充血、肿胀，时而混有血液，肺间质增宽，淋巴结肿大、充血，脾肿大，胃肠黏膜有卡他出血性炎症，胸腹腔、心包腔蓄积含纤维素物质的液体。

各个年龄、性别和品种的猪对该病毒都有易感性。该病的流行有明显的季节性，天气多变的秋末、早春和寒冷的冬季易发生。该病传播迅速，常呈地方性流行或大流行。该病发病率高，死亡率低（4%～10%）。病猪和带毒猪是猪流感的传染源，患病痊愈后猪带毒6～8周。

该病潜伏期很短，几小时到数天，自然发病时平均为4天。发病初期病猪体温突然升高至40.3~41.5℃，厌食或食欲废绝，极度虚弱乃至虚脱，常卧地。呼吸急促、腹式呼吸、阵发性咳嗽。从眼和鼻流出黏液，鼻分泌物有时带血。病猪挤卧在一起，难以移动，触摸肌肉僵硬、疼痛，出现膈肌痉挛，呼吸顿挫，一般称为打嗝儿。如有继发感染，则病势加重，发生纤维素性出血性肺炎或肠炎。母猪在怀孕期感染，产下的仔猪在产后2~5天发病很重，有些在哺乳期及断奶前后死亡。

2.防治措施

对病猪要对症治疗，防止继发感染。可选用15%盐酸吗啉胍（病毒灵）注射液，按猪体重每千克用25毫克，肌内注射，每日2次，连注2天。30%安乃近注射液，按猪体重每千克用30毫克，肌内注射，每日2次，连注2天。如全群感染，可用中药拌料喂服。中药方：荆芥、金银花、大青叶、柴胡、葛根、木通、板蓝根、甘草、干姜各25~50克（每头计、体重50千克左右），把药晒干，粉碎成细面，拌入料中喂服，如无食欲，可煎汤喂服，一般1剂即愈，必要时第2天再服1剂。该病应加强饲养管理，定期消毒，对患猪要早发现、早治疗。

三、消化系统疾病防治

猪消化系统疾病主要有仔猪白痢、仔猪黄痢、仔猪红痢、仔猪副伤寒、猪痢疾（血痢）、猪流行性腹泻、猪传染性胃肠炎等。

（一）仔猪白痢

仔猪白痢又叫迟发性大肠杆菌病，该病发生于10~30日龄仔猪，以2~3周龄多发，发病率较高，死亡率较低，但多影响生长发育。该病一年四季都可发生，一般冬春两季气温剧变、阴雨连绵或保暖不良，饲养管理失调及母猪乳汁缺乏时，发病较多。病死率虽不高，但发病较多。饲养管理、卫生状况、天气突变等不良因素都是引起该病发生的重要因素，都能促进该病的发生和传播。

1.临床症状

病猪突然拉稀，排出白色、灰白色以至黄绿色粥状粪便，有腥臭味。病猪体温不高，精神尚好，有食欲，畏寒，脱水，如不及时采取处理措施，下痢可逐渐加剧，全身症状明显。该病程长短不一，重者引起死亡，多数病猪易于自愈，但多复发。

2.防治措施

治疗白痢药物和方法较多，要因地、因时而选用。抗菌药物可参考仔猪黄痢。青霉素、链霉素、新霉素、恩诺沙星、拜有利、痢菌净等对大肠杆菌均有治疗和抑制作用，有口服药剂和针剂，但用药一定时间后，要换药，以免产生抗药性。口服微生态制剂如康大宝、乳酸菌制剂对白痢也有较好的预防和治疗作用。在仔猪补料中添加合成抗生素也具有预防和治疗作用，但使用微生态制剂时，禁用抗生素药物。

（二）仔猪黄痢

仔猪黄痢又叫初生仔猪大肠杆菌病，是由致病性大肠杆菌引起的初生仔猪的一种急性、致死性传染病。仔猪对该病的易感性与日龄有关，以1～3日龄最为多见，一周龄以上仔猪很少发病；育肥猪、成年公猪、母猪不见发病；在产仔季节，发病窝数多，同窝仔猪发病率最高可达100%，死亡率也很高，有时可使全窝死亡。一般情况下第一胎母猪所产仔猪发病率和死亡率最高。

1.临床症状

潜伏期最短的为8～12小时，长的1～3天，一般在24小时左右，窝内发生第一例，1～2天内至少有80%～90%的同窝仔猪发病。主要症状是拉稀，有的伴有呕吐症状。粪便大多呈黄色水样，内含凝乳小片，顺肛门流下，其周围多不留粪迹，易被忽视。严重时，小母猪阴部尖端发红，后肢被粪液玷污。捕捉时，小猪挣扎和鸣叫时，从肛门冒出粪水，不久，脱水、昏迷死亡。急者不见下痢便可死亡。病猪出现下痢时，可见口渴，精神沉郁，停止吮乳等一般性症状。

2.防治措施

常用药物有金霉素、新霉素、磺胺甲基嘧啶等。由于细菌易产生耐药性，最好先分离出大肠杆菌做药敏试验，选出最敏感的治疗药品用于治疗，能收到较好的疗效。微生态制剂疗法，目前，我国有促菌生、乳康生等制剂，有调整胃肠道内菌群平衡，预防和治疗仔猪黄痢的作用。促菌生于仔猪吃奶前2～3小时，喂3亿活菌，以后每日1次，连服3次；与药用酵母同时喂服，可提高疗效。于仔猪出生后每天早晚各服1次乳康生，连服2天，以后每隔1周服1次，每头仔猪每次服0.5克（1片）。调痢生每千克体重0.10～0.15克。每日1次，连用3天。在服用微生态制剂期间禁止服用抗菌药物。

（三）仔猪红痢

仔猪红痢又叫仔猪梭菌性肠炎或仔猪传染性坏死性肠炎，是由C型魏氏梭菌引起的初生仔猪的高度致死性肠毒血症，主要侵害3日龄以内仔猪。病猪排血样粪，肠坏死，病程短和病死率高。该病主要发生于出生后3天以内的仔猪，发病快、病程短、死亡率极高。1周龄以上的仔猪发病很少，品种和季节对发病无明显影响。该病一旦侵入猪群，常顽固地在猪场中扎根，年复一年地不断在产仔季节发生，使一部分母猪所产的仔猪患病死亡。在同一猪群内各窝仔猪的发病率不同，最高可达100%，病死率一般为20%～70%。

1.临床症状

该病常在仔猪出生后数小时至1～2天发病，发病后数小时可死亡。在最急性病例，病仔猪常突然不吃母奶，不见拉稀就死亡。病程稍长的病例，可见病仔猪不吃奶，精神沉郁，离群独处，怕冷，四肢无力，行走摇摆，腹泻，排出灰黄或灰绿色稀粪，后变为红色糊状，后躯粘满血样稀粪，故称红痢。粪便腥臭，常混有坏死组织碎片及多量小气泡。病猪日益消瘦的虚弱，有的呕吐，尖叫，出现不自主运动，体温不高，很少升到41℃以上，大多数病仔猪死亡，甚至整窝仔猪全部死亡，只有极少部分仔猪耐过。

2.防治措施

对慢性病例可以试用以下办法进行治疗：硫酸抗敌素用蒸馏水稀释后，每头仔猪5万～8万单位，肌内注射，每日一次，连注2～3天。每头仔猪肌内注射新霉素10万单位。痢菌净，每千克体重5毫克，后海穴注射，每日一次，连注3天。为了巩固疗效，停止穴位注射后，按每千克饲料拌入痢菌净片10毫克，连用2周。

（四）猪痢疾（血痢）

猪痢疾又称猪血痢，是由猪痢疾密螺旋体引起猪的一种危害严重的肠道传染病。不同品种、年龄的猪均可感染，以2～3月龄幼猪发生最多。该病无季节性，一年四季均可发生，流行初期呈最急性和急性，病死率高，其后多呈亚急性和慢性，影响生长发育。饲养管理不良、缺乏维生素和矿物质可促进该病发生并加重病情。

1.临床症状

猪群起初暴发该病时，常呈急性，后逐渐缓和转为亚急性和慢性，常见的症状是出现程度不同的腹泻。

（1）最急性型。见于流行初期，死亡率很高。个别突然死亡，无症状，多数病例表现废食，剧烈下痢，粪便开始时呈黄灰色软便，迅速转为水样，夹有黏液、血液或血块，最后粪便中混杂脱落的黏膜或纤维素渗出物形成的碎片，气味腥臭。病猪肛门松弛，排便失禁，弓腰缩腹，眼球下陷，高度脱水，寒战，抽搐而死，病程12～24小时。

（2）急性型。多见于流行初、中期。病初排稀便继而粪便带有大量半透明的黏液而呈胶冻状，夹杂血液或血凝块及褐色脱落黏膜组织碎片。同时表现为食欲减退，腹痛并迅速消瘦。有的死亡，有的转为慢性，病程7～10天。

（3）亚急性和慢性。多见于流行的中、后期。下痢时轻时重，反复发生。下痢时粪便中常常有血液和黏液。食欲正常或稍减退，进行性消瘦，生长迟滞。呈恶病质状态。少数康复猪经一定时间复发，甚至多次复发。亚急性病程为2～3周，慢性为4周以上。

2.防治措施

常用的抗菌药物有：痢菌净，治疗量为口服，每千克体重5毫克，每天2次，连用3～5天；预防量为每千克饲料1克，连用30天；乳猪灌服0.5%痢菌净溶液，每千克体重0.25毫升，每天1次，连续使用；0.5%痢菌净肌内注射，每千克体重0.5毫升，每天2次，连用2～3天。土霉素，治疗量每1 000千克饲料加100～150克，连喂3～5天。二甲硝基咪唑，治疗量为每升水0.25毫升饮用，连用5天；预防量为每1 000千克饲料加100克。泰乐菌素，治疗量为每升水570毫克，连用3～10天；预防量为每10千克饲料100克。中药用庆大霉素按2 000国际单位/千克体重肌注，一日2次，连用5天后应用预防药物。白头翁15克、黄柏20克、黄连15克、苦参15克、秦皮20克、诃子20克、乌梅20克、甘草15克，水煎灌服，每天1次，连用5天。该病治后易复发，应坚持疗程和改善饲养管理相结合方能收到好的防治效果。

（五）仔猪副伤寒

仔猪副伤寒又称猪沙门氏菌病，主要是由猪霍乱和猪伤寒沙门氏菌引起的仔猪传染病。该病多发生于1～4月龄仔猪，成年猪很少见到。1～4月龄仔猪对该病的易感性较高，但在初乳中无抗体或处于逆境时，则不受年龄限制都可发病。该病常出现于各种应激因素作用之后，如饲养管理不当、气候突变或长途运输等，尤其是在患有猪瘟时，往往发生该菌的并发和继发感染。该病一年四季均可发生，但以春冬气候寒冷多变及多雨潮湿季节发生最多。

1.临床症状

（1）急性（败血型）。多见于断乳前后的仔猪，常突然死亡，病程稍长者可见食欲不振或废绝，精神萎靡，喜藏于垫草内，体温升至41℃以上，鼻、眼有黏性分泌物，病初便秘，后腹泻，排出淡黄色恶臭的稀粪，有时不见腹泻。在鼻端、耳、颈、腹及四肢内侧皮肤出现紫色斑，此时病猪迅速消瘦，步态不稳，呼吸困难，衰竭而死亡。病期3~5天不等，死亡居多。

（2）慢性。为最常见的病型，主要的症状是下痢，粪便呈粥状或水样，灰白、黄绿、灰绿或污黑色，恶臭，有时伴有血液，严重时肛门失禁，在吃食、躺卧、起立或行走时都可出现拉稀，使尾部及整个后躯玷污，有的咳嗽时，呈喷射状排出稀粪水。有的病猪下痢与便秘交替进行；有的病猪还发生肺炎。一般来说，慢性病猪体温稍高或正常，有食欲，后期废绝；也有的病猪死前还吃，喜喝脏水；有的病猪皮肤上出现湿疹样变化；由于持续下痢，病猪日渐消瘦、衰弱，被毛粗乱无光，行走摇晃，最后极度衰竭而死。多在病后半月以上死亡，有的甚至长达2个月，不死的病猪生长发育停滞，成为僵猪。

2.防治措施

对该病有治疗作用的药物很多，但在多次使用一种药物后，易出现耐药菌株。因此如遇大批发病时，最好将分离的菌株先作药敏实验，以选择最有效的药物。土霉素每千克体重0.1克，每日口服2次，连服3~5天。新霉素每千克体重10~15毫克，分2~3次口服，连服3~5天。磺胺甲基异恶唑首次按每千克体重0.1克，维持量0.07克，每1小时服1次。复方新诺明每千克体重20~25毫克，每日1次，连用3天。磺胺-5甲氧嘧啶或磺胺-6甲氧嘧啶与抗菌增效剂（TMP）按5∶1混合，每千克体重25~30毫克内服，每日2次，连用3~5天。5~25克大蒜捣成蒜泥或40%大蒜酊，内服适量，每日3次，连用4~6天。

（六）猪流行性腹泻

猪流行性腹泻是由猪流行性腹泻病毒引起的猪的一种肠道传染病。该病一旦在猪场发生，可在几周内使50%~95%的猪发病，新生仔猪常成窝发病与死亡。大小猪均可感染发病，年龄越小，发病率和病死率越高，尤以哺乳仔猪受害最严重。

1.临床症状

人工口服感染的潜伏期，自然新生仔猪为24～36小时，育肥猪为2天；自然感染的潜伏期可能更长。哺乳仔猪呕吐、腹泻和脱水，粪稀如水，灰黄色或灰色，体温稍高或正常，精神、食欲变差。不同的年龄症状有差异，年龄越小，症状越重，一周以内仔猪发生腹泻后2～4天脱水死亡，死亡率平均为50%；断奶仔猪、肥育猪及母猪常厌食、腹泻，4～7天恢复正常；成年猪仅发生厌食和呕吐。

2.防治措施

特异性治疗：在确诊该病的基础上用高免血清或卵黄抗体口服进行治疗。对症治疗：包括补液、收敛、止泻，用抗菌药防止继发感染。

（七）猪传染性胃肠炎

猪传染性胃肠炎是由猪传染性胃肠炎病毒引起的一种急性、高度接触性的传染病。各种年龄的公、母猪、肥育猪及断奶仔猪均可感染发病，但症状轻微，并可自然康复，以10日龄以下的哺乳仔猪发病率和病死率最高，随年龄增大死亡率逐步下降。该病的发生有季节性，多流行于冬春寒冷时节，夏季发病少；在产仔旺季发生较多；在新发病猪群，呈流行性发生，几乎全部猪只均可感染发病，在老疫区则呈地方流行，由于经常产仔和不断补充的易感猪发病，使该病在猪群中常存在。

1.临床症状

该病潜伏期较短，一般为12～36小时，长的可达3天。哺乳仔猪突然发病，继发急剧的水样腹泻，粪水呈黄色、淡绿或灰白色，内含未消化的小凝乳块，体重下降，精神萎靡，被毛粗乱无光，吃奶减少或停止吃奶、战栗、口渴、消瘦，于2～5天内死亡。周龄以下哺乳仔猪死亡率50%～100%，随着日龄增加，死亡率降低；病愈仔猪增重缓慢，生长发育受阻，甚至成为僵猪。架子猪、肥猪及成年公、母猪症状轻微，主要是食欲减退，有时可见呕吐，随后腹泻，粪水呈黄绿、淡灰或褐色，混有气泡；哺乳母猪泌乳减少或停止，3～7天病情好转，极少发生死亡；妊娠母猪发病后少见流产。

2.防治措施

（1）特异性治疗。确诊该病之后，立即使用传染性胃肠炎高免血清，肌内或皮下注射，剂量按1毫升/千克体重。对同窝未发病的仔猪，可作紧急预防，用量减半。据报道，有人用康复猪的抗凝全血给病猪口服也有效，新生仔猪每头每天口服10~20毫升，连续3天，有良好的防治作用。也可将病猪让有免疫力的母猪代为哺乳。

（2）抗菌药物治疗。抗菌药物虽不能直接治疗该病，但能有效地防治细菌性疾病的并发或继发性感染。临诊上常见的有大肠杆菌病、沙门氏菌病、肺炎以及球虫病等，这些疾病能加重该病的病情，是引起死亡的主要因素，为防止继发感染，对2周龄以下的仔猪，可适当应用抗生素及其他抗菌药物，如氟哌酸、新诺明、氯霉素、恩诺沙星、环丙沙星等。

（3）对症治疗。对仔猪对症治疗，可减少死亡，同时要加强饲养管理，保持仔猪舍的温度和干燥。注意补液、收敛、止泻等。最重要的是补液和防止酸中毒，可静脉注射葡萄糖生理盐水或5%碳酸氢钠溶液。亦可采用口服补液盐溶液灌服。同时还可酌情使用黏膜保护药如淀粉（玉米粉等），吸附药如木炭末，收敛药如鞣酸蛋白，以及维生素C等药物进行对症治疗。让仔猪自由饮服下列配方溶液：氯化钠3.5克，氯化钾1.5克，碳酸氢钠2.5克，葡萄糖20克，温水1 000毫升。

四、混合感染疾病防治

当前猪病流行的一大特点是混合感染、继发感染增多，给疾病的诊断治疗带来很多困难，使养殖场遭受严重的经济损失。

（一）多病原混合感染发生的根源

（1）猪群整体免疫力低下，抵抗力不足。尤其免疫抑制性疾病对猪群的感染及霉菌毒素造成的猪群免疫力低下更为严重。

（2）高致病性病源的出现。一些病源发生变异、毒力返强重新危害猪群，例如高致病性蓝耳病的出现。

（3）饲养管理不到位。其中引种、育种指从遗传上来改良种猪和商品猪，形成新的品种（系），主要包括纯种（系）的选育提高，新品种（系）的育成，杂种优势的利用等，从而提高养猪业的产量和质量。育种、选种等工作中的失误；饲料营养成分不足；猪生长各阶段的管理措施执行不到位等多种原因。

（4）环境因素。温度、湿度、通风、光照、圈舍面积等不合理，给猪群造成应激。

（5）消毒、免疫、药物保健等防病控病措施执行不到位。

（二）综合防控措施

（1）加强饲养管理。做好猪舍内温度控制。降低饲养密度，避免猪舍过度拥挤，减少热应激。做好通风换气工作。提高饲料营养浓度，满足猪各阶段的营养需要，避免营养问题造成猪群免疫力低下。在每吨饲料中加入多种维生素和免疫增强剂，提高猪群抗应激能力和抗病力。

（2）加强消毒。严格控制外来人员及车辆进入猪场。可用复合醛按1：500倍稀释，全场带猪喷雾消毒，保持每周2~3次。进出猪场必须更换衣服和鞋子，同时注意消毒尤其是要注意购猪车辆和人员的消毒。

（3）做好疫苗的免疫注射，提高猪群的特异性免疫力。重点做好猪瘟、伪狂犬蓝耳病、口蹄疫等病毒性疫苗的接种，坚持做到一头猪一个针头，一头不落。

（4）做好药物保健。母猪保健：产前一周至产后一周，每吨饲料中加入抗生素和多种维生素；产仔当天注射长效抗菌剂10~15毫升。

小猪（又称苗猪）保健：3日龄、7日龄、21日龄每头分别注射长效抗菌剂0.5毫升、0.5毫升、1毫升；3日龄、10日龄每头分别注射抗贫血药；断奶后一周每吨饲料中添加两种以上抗生素和多种维生素；连用7天。

育肥猪保健：在饲料或饮水中使用两种以上抗生素和多种维生素，连用7天。

（5）杜绝霉菌毒素的危害。霉菌毒素在高热病中扮演了很重要的角色，建议尽量选用好的饲料原料，同时在饲料中加入霉菌毒素处理剂。

（6）定期做好驱虫工作。每3个月全场驱虫一次，可有效提高饲料报酬和避免因寄生虫引起的机体抗病力下降。

五、常见病防治

（一）猪病防治原则

（1）认真贯彻"预防为主，防重于治"的方针，克服"重治轻防，只防不治"的消极被动错误思想。

（2）要坚持"自繁自养"的原则。

（3）加强饲养管理，增强猪的抵抗力，是积极预防猪传染病的重要条件。

（4）坚持预防免疫注射的制度。根据当地猪的疫病流行情况，有针对性地选择使用和按免疫程序进行预防接种，保证高的免疫密度，使猪只保持高的免疫水平。应该采取定期预防注射与经常补针相结合的办法，争取做到头头注射，个个免疫。

（5）做好养猪场环境、猪舍的清洁、卫生及消毒工作。

（6）对人员的要求。工作人员应定期体检，取得健康合格证后方可上岗。生产人员进入生产区时应淋浴消毒，更换衣鞋。工作服应保持清洁，定期消毒。猪场兽医人员不准对外诊疗动物疾病；猪场配种人员不准对外开展猪的配种工作。非生产人员一般不允许进入生产区。特殊情况下，非生产人员需经淋浴消毒，更换防护服后方可入场，并遵守场内的一切防疫制度。

（7）加强检疫。检疫包括进出境检疫及产地检疫、屠宰检疫。

（二）药物使用原则

1.正确选择药物

每种药物抗病原体的性能不同，所以预防用药必须有所选择。当某种疫病同时有几种药物可供选择时，一般可根据下列几个原则来选择使用。

（1）预防效果。应考虑病原体对药物的敏感性和耐药性，选用预防效果最好的药物。为此，在使用药物以前或使用药物过程中，最好进行药物敏感性试验，选择最敏感的药物用于预防，或选择抗菌谱广的药物用于预防，一般都能收到良好的预防效果。

（2）有效剂量。在使用药物预防疫病时，要按规定的剂量，均匀地拌入饲料或完全溶解于饮水中，以达到药物预防的作用。

（3）药物的性质。有些药物是水溶性的，有些是悬浮剂，有些则完全不溶于水只适用加入饲料中；有些药物只能在肠道中起作用（不能进入血液里），有些可进入血液中，运行到各个部位起作用；有些药物要在短期内大量使用才有效，有些要每天食少量而要长期服用才有效。因此，必须了解药物的性质，合理选择和使用药物。

（4）药物的毒性。大剂量或长期使用某些药物，会引起动物中毒。例如，呋喃类药物大剂量或长期连续应用时，易引起毒性反应。

（5）药物的价格。在集约化养殖场中，畜群数量很大，预防用药开支很大，为了提高利润，降低成本，应尽可能地选用价廉易得而又确有预防作用的药物。

2.选择最合适的用药方法

预防药物常用的给药方法有混水给药、混饲给药、气雾给药和药浴等。生产实际中要根据具体情况，正确选择。

3.注意畜禽的种属、个体、性别、年龄、体重及体质状况的差异

不同种属的动物，对药物的敏感性不同，应区别对待。一般情况下，雄性动物比雌性动物对药物的耐受性强，用药剂量应比雌性动物大一些。幼龄动物比成年动物对药物的敏感性高，应适当减少药物用量。体重大的动物较体重小的动物对药物的耐受性强。

4.注意防止药物中毒

有些药物有效剂量与中毒剂量之间距离太近，如喹乙醇，若掌握不好剂量就会引起中毒。有些药物在低浓度时具有预防和治疗作用，而在高浓度时则会变成毒药。

5.注意配伍禁忌

在进行药物预防时，一定要注意配伍禁忌的问题。

6.慎重使用新药

使用的新药必须经过专业部门的鉴定及主管单位的审核批准，其所提供的资料应该是可靠的。在使用前应先参阅有关资料，在试用当中应注意观察防治效果和远近期毒性反应。

第二节 肉牛主要疫病防控技术

一、前胃弛缓

前胃弛缓相当于中兽医的脾虚不磨，是由于前胃兴奋性降低和收缩力减弱，致使前胃内容物排出延迟所引起的疾病。临床主要表现为食欲减退，前胃蠕动减弱或停止，缺乏反刍和嗳气，以致全身机能紊乱。

主要为饲养管理不良造成。长期饲喂粗糙不易消化的饲料，饲料发霉、腐烂变质，饲料单一或精料过多，突然更换饲料或饲料过热、过凉，受寒感冒，过度劳役，饥饱不均等诸多因素，均可引起前胃消化机能紊乱而导致发病。另外，其他病也可继发前胃弛缓。

1.临床症状

临床症状分为急性和慢性两种。根据病史，食欲不振，反刍减少或停止，间歇性瘤胃臌气，瘤胃蠕动减少和无力，依此可以做出诊断。

急性患畜精神委顿，食欲减退可废绝，反刍减少或停止，瘤胃蠕动微弱或消失，按压瘤胃感到松软，瘤胃常呈间歇性臌气，不采食不臌气，稍一采食则发生臌气。口腔潮红，唾液黏稠，气味难闻，先便秘后腹泻。体温、呼吸、脉搏正常。

慢性是由急性转来或继发于其他疾病。患畜食欲不振，反刍时有时无，瘤胃蠕动减弱，瘤胃经常性或慢性臌气，便秘和腹泻交换发生。病程较长时，病畜毛焦体瘦，倦怠乏力，多卧少立，严重者出现贫血、衰竭。

2.防治措施

首先应消除病因，然后应用药物促进瘤胃蠕动，制止异常发酵和腐败。

（1）急性。在病初应绝食1～2天；慢性：应给予易消化的饲料。

（2）促进瘤胃蠕动。口服酒石酸锑钾2～4克，每天1次，连用3天；或静脉注射"促反刍液"500～1 000毫升；或静脉注射10%的氯化钠溶液300～500毫升和10%安钠咖20～30毫升；或新斯的明20毫克，1次皮下注射，隔2～3小时再注射1次（孕畜忌用）。

（3）伴有瘤胃臌气时应制止发酵。可用松节油30毫升或鱼石脂15～16克，加水适量灌服；便秘时可用硫酸镁或硫酸钠100～300克；继发胃肠炎时可用磺胺或抗生素。

（4）恢复期给予健胃药。龙胆粉、干姜粉、碳酸氢钠各15克，番木鳖粉2克，混合1次内服，1日2次。

二、瘤胃积食

瘤胃积食又称胃食滞，是由于采食大量难消化、易臌胀的饲料所致。以瘤胃内容物大量积滞、容积增大、胃壁受压及运动神经麻痹为特征。

过量采食粗纤维性饲料，如麦草、谷草、豆秸、花生藤、甘薯藤、棉籽皮等，特别是半干枯的植物蔓藤类最易致病。或过食豆谷类精料。另外，劳役过度，特别是采食前后过度使役，也可促使该病发生。

1.临床症状

患畜食欲、反刍、嗳气减少或停止，腹痛不安，瘤胃蠕动微弱或停止，左腹部增大，按压坚硬或呈面团样，患畜有痛感。粪软或腹泻，粪呈黑色，味恶臭，严重者粪中带有血液和黏液。体温一般不高，呼吸、心跳加快。肌肉震颤，运动轻微失调，过食豆谷而发病者，可引起严重脱水及酸中毒，病牛眼球下陷，血液浓缩，呈暗红色。亦可出现狂躁不安、盲目走动或嗜睡卧地不起等神经症状。

2.防治措施

以促进瘤胃蠕动、排除胃内容物对症治疗。过食豆谷的病例，要不断补液，并加入碳酸氢钠溶液或乳酸钠溶液，以纠正酸中毒。

（1）内服泻剂。用硫酸镁或硫酸钠400～800克，加鱼石脂15克及水适量，1次内服；也可用液状石蜡油或植物油1 000～1 500毫升；或油类和盐类泻剂并用。

（2）促进瘤胃蠕动。静脉注射10%氯化钠300～500毫升，或静脉注射"促反刍液"500～1 000毫升。

（3）过食豆谷的病例。伴有脱水、酸中毒和神经症状时，可补给5%葡萄糖生理盐水或复方盐水，每天800～1 000毫升，分2～3次静脉注射，同时加入安钠咖及维生素C；静脉注射5%碳酸氢钠溶液500～800毫升；高度兴奋时，肌内注射氯丙嗪300~500毫克。

（4）严重积食，而药物治疗难以奏效时，可采用瘤胃切开术治疗。

加强饲养管理，防止牲畜过食，粗饲料应适当加工后再喂，严防偷食豆谷类粮食，适度劳役。

三、胃肠炎

1.临床症状

原发性胃肠炎是由饲料质量不好（腐败、发霉、变质、带泥沙与霜冻的块根）伤害胃肠黏膜所致。饲养管理不当，如：饲料变化突然、饥饱不均，饲喂次序打乱等，致使消化机能紊乱，消化液减少，易引发胃肠异常发酵而致病。继发者多见于前胃弛缓、创伤性网胃炎、子宫炎、乳房炎等。多为突发、剧烈而持续腹泻。食欲、反刍减弱、口渴增加，表现腹痛不安，皮温不均，耳角根及四肢末梢变凉。病初体温增高，肠音旺盛后期变弱，排便失禁时眼窝很快下陷、脱水、四肢无力、起立困难，呈酸中毒症状。

2.防治措施

药物治疗首先考虑用抗菌消炎药（如果怀疑有传染性应予以隔离）。常用药有氯霉素、金霉素、黄连素、磺胺嘧啶、人工盐等。同时使用心脏保护药安钠咖或樟脑磺酸钠。机体脱水时补葡萄糖、盐水。必要时使用预防酸中毒药物。

四、创伤性网胃炎

创伤性网胃炎是牛采食饲料时，随饲料吞入的尖锐异物。如：铁丝头、铁钉（针）等，刺伤网胃引起网胃炎。

1.临床症状

牛采食饲料时，由于采食过急，咀嚼不充分，异物随饲料咽下，沉入网胃，使网胃壁受损。当牛妊娠后期分娩努责时，瘤胃臌胀，腹压增高等使异物刺伤、穿透网胃壁，经膈达心包引起心包炎。异物未刺伤胃壁前，临床上不呈现任何症状，刺伤胃壁后突然出现病状，食欲、反刍次数减少，泌乳量骤然下降，瘤胃蠕动弱或消失。精神极度沉郁，病牛多站立不动，骨骼肌战栗，万不得已卧下时十分小心并呻吟、磨牙，触诊网胃部位有明显疼痛感，病牛躲闪。在斜坡上行

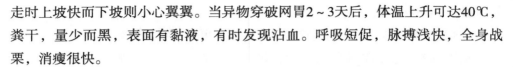

走时上坡快而下坡则小心翼翼。当异物穿破网胃2～3天后，体温上升可达40℃，粪干，量少而黑，表面有黏液，有时发现沾血。呼吸短促，脉搏浅快，全身战栗，消瘦很快。

2.防治措施

以预防为主，药物上没有有效治疗办法。可以在小牛生后6月龄时往胃里投放磁铁棒，适当的时候还可以往外吸取异物。在"白色污染"严重的情况下，预防异物中应将塑料制品（如尼龙绳、薄膜、编织袋等）列入。

五、炭疽

炭疽是由炭疽杆菌引起的一种急性、热性、败血性传染病。临床主要症状是突然发生，各天然孔流出黑色不凝血液，死亡后表现尸僵不全，血凝不良。全身皮下和浆膜下结缔组织呈出血性胶样浸润，脾脏急性肿大等。

病原为炭疽杆菌，易形成芽孢，一般消毒剂对它没有作用。主要通过消化道传播，也可通过呼吸道或昆虫叮咬皮肤、伤口传播。病菌能在土壤中存活60年。主要感染草食性动物，人对炭疽普遍易感。

1.临床症状

病牛突然发病，体温升高，黏膜发紫，肌肉振颤，步行不稳，呼吸困难，口吐白沫，数小时死亡。病初体温升高到41～42℃，脉搏、呼吸次数增多，食欲减退后废绝，瘤胃中度臌气。

鼻腔、肛门、阴门出血或血尿。1～2天内体温下降痉挛而死。死后腹胀，肛门突出，尸僵不全，各天然孔流出黑紫色的血液。

死亡尸体禁止解剖。如有必要解剖，可在严防散毒的情况下进行。主要剖检变化为脾脏肿大2～4倍，包膜紧张或破裂，脾髓暗红如泥。根据流行病学特点和临床症状可怀疑为炭疽。确诊需进行细菌学和血清学检查。

2.防治措施

治疗必须在严格隔离条件下进行，使用磺胺嘧啶或青霉素治疗；也可使用抗炭疽血清治疗。

六、口蹄疫

口蹄疫是由病毒引起的一种只侵害偶蹄动物的急性、热性和高度接触性传染病。一旦发病，传播快，流行面广，给畜牧业带来的损失较大。临床症状为口腔黏膜、口齿周围、蹄部和乳房皮肤周围形成水泡，主要侵害猪、牛、羊等33种偶蹄动物，人也可感染。

病原为口蹄疫病毒。病毒呈球状，对外界环境和一般消毒药抵抗力较强。35℃以上的阳光直射10小时或70℃30分钟可杀死病毒，对酸碱敏感；常用的消毒剂有30%的草木灰，2%的火碱。病毒有7个血清型，其中以A型、O型和亚洲型为主，受外界环境变化易产生变异。患病动物是主要的传染源，患畜可在出现症状之前通过分泌物、排泄物排毒。以破溃的泡皮、泡液含毒最高；呼出的气体和粪便次之。通过接触感染或通过空气飞沫传播，包括消化道、呼吸道、皮肤、黏膜的接触。

1.临床症状

一般潜伏期2～3天，有的长达15天；患畜表现发热41℃，少食或不食，反刍停止，口流黏沫，在口腔黏膜、齿龈、舌面、上下腭、夹部、蹄、蹄冠、蹄叉及乳房皮肤出现水泡，内有透明的液体，2～3天破裂，继而形成边缘整齐的明显烂斑。个别的蹄匣脱落。病畜表现疼痛，跛行，或四肢不敢负重，卧地不起；幼畜因心肌炎而死亡。人也感染此病，症状与家畜类同。

2.治疗措施

治疗的主要原则为强力退烧和加强护理。

（1）抗菌消炎。常使用的药物有双氯芬、柴胡、克林霉素、林可霉素、青霉素等。

（2）口腔治疗。最实用的方法是用清水、食醋或0.1%高锰酸钾冲洗口腔。

（3）加强护理。饲喂柔软的草料和清洁的饮水，并注意通风、消毒。恶性口蹄疫要注意维护心脏机能，及时使用强心剂（如安钠加或樟脑）和葡萄糖注射液。

（4）蹄部治疗。可选用3%的克辽林或用3%～5%硫酸铜浸泡蹄部，擦干后用鱼石脂软膏涂抹。

（5）乳房治疗。定期挤奶，防止乳腺发炎；可用肥皂水或2%～3%的硼酸水清洗，然后用青霉素软膏或氧化锌鱼肝油软膏涂抹。

3.预防措施

传染病要传染和流行必须具备传染源、传播途径、易感动物，3个条件缺一不可。所以，要想消灭和控制传染病，必须通过强制检疫，切断外来传染源；通过强制免疫控制易感动物；发现病牛必须及时采取有效措施。

（1）强迫消毒切断传播途径。一是做好平时圈舍的消毒，二是做好对牛产品交易市场、屠宰场点、运输车及接触物的消毒。

（2）强制免疫。强迫饲养户按照国家《动物防疫操作规程》进行免疫。

七、布氏杆菌病

布氏杆菌病是由布氏杆菌引起的一种人畜共患的慢性传染病。以侵害牛生殖系统和关节为特征，怀孕母牛流产，胎衣不下，生殖器、胎膜、睾丸炎症或不育等。感染的主要途径为消化道，其次是皮肤。一般情况下，母牛比公牛易患病，成年牛比犊牛易患病。在缺乏消毒和防护的条件下，接生、护理病畜最易造成人员感染。

1.临床症状

布氏杆菌病一般为隐性感染，症状不明显。怀孕母畜流产是该病的主要症状。流产多发生在怀孕后期，流产前病畜食欲减退，精神委顿，起立不安，阴道流出灰黄色黏液，出现子宫内膜炎，常伴发胎衣不下，母畜屡配不孕。公畜发生睾丸炎和关节炎。

2.病理变化

流产胎衣呈黄色胶样浸润，表面覆有纤维蛋白和脓液，胎衣增厚，偶有出血点。胎儿皮下和肌肉有出血浸润，真胃内有絮状物，胃肠和膀胱黏膜及浆膜有出血斑点。病公畜睾丸有出血点、坏死灶及组织增生。

根据流行病学的特点、临床症状和病理变化可作为怀疑的参考。确诊需进行细菌学和血清学或变态反应检查。

3.预防措施

目前没有很好的治疗办法，可每年进行一次冻干布氏杆菌5号弱毒苗的预防接种；母畜可在配种前1～2月进行。

八、牛病毒性腹泻

牛病毒性腹泻/黏膜病是由病毒引起的牛的一种以黏膜发炎、糜烂、坏死和腹泻为特征的传染病。该病分布于世界各地。

该病主要感染牛，幼龄牛更易感。羊、鹿、猪也可自然感染，并产生抗体，但很少出现症状。病牛和带毒动物为该病的传染源。病毒随分泌物、排泄物污染饲料、饮水和环境，经消化道和呼吸道传染。自然发病多见于冬春季。

1.临床症状

多为隐性感染，幼龄牛较易感，一般表现轻度症状，但有时突然暴发，全群表现严重症状。该病依临床症状分为急性和慢性两类。

（1）急性型。突然发热，体温升至40～42℃，白细胞减少，食少或拒食，反刍停止，呼吸心跳加快，咳嗽，流鼻涕，口腔黏膜潮红，唾液增多，继而出现糜烂。腹泻如水，持续数天，粪便中混有纤维性黏膜、气泡及血液。严重者因脱水和衰竭而死亡。有的病牛发生蹄叶炎和趾间皮肤溃疡或蹄冠炎，蹄部变形。有的病牛结膜发炎，甚至角膜混浊。母牛泌乳减少，孕牛常发生流产。病程1～3周。犊牛发病死亡率较高，有些报道达90%以上。

（2）慢性型。临床症状不明显。病牛呈现生长发育缓慢，消瘦，体重减轻，持续或间歇性腹泻，蹄发炎、变形。病程2～6个月。

2.病理变化

口腔、食道和整个胃肠道黏膜充血、出血、水肿、糜烂或溃疡。淋巴结水肿。根据临床症状和病变可做出初步诊断，确诊需采集病牛眼、鼻分泌物，尿液和血液以及病死牛的脾、淋巴结等病料，进行病毒分离和血清学诊断（免疫荧光试验、血清中和试验或补体结合试验）。

3.防治措施

该病尚无特效疗法。应对症治疗，加强护理，促进病牛康复。加强综合防疫措施，严禁从有病地区购牛，引进的种牛要隔离检疫，确保不引进病畜。发生该病时，病牛应隔离治疗或急宰，牛舍、用具等用10%石灰乳或1%氢氧化钠溶液消毒。粪便和污物堆积发酵处理。可使用弱毒疫苗，有报道用猪瘟兔化弱毒冻干苗对新生犊牛进行免疫预防注射能成功地控制了该病流行。

九、牛皮蝇蛆病

牛皮蝇蛆病又名皮蝇蚴病，是由牛皮蝇和纹皮蝇的幼虫寄生于牛皮下组织所引起的一种慢性疾病。该病可使病牛消瘦，产奶量下降，犊牛发育不良，肉和皮革的质量降低。

皮蝇形如蜜蜂，体表覆有多量绒毛，牛皮蝇长约15毫米，纹皮蝇长约13毫米。夏季成蝇在牛体表产卵，4～7天后卵孵出幼虫，幼虫沿毛孔穿过皮肤到达体内，移行至食道，约在翌年春季，它们在背部皮下寄生2～3个月，逐渐形成一指头大的隆起，隆起上有绿豆大的小孔。最后完全成熟的幼虫（皮蝇蛆）由小孔钻出，落到地面化成蛹，再经1～2个月后，蛹即羽化成蝇。

1.临床症状

成蝇产卵时，骚扰牛只休息、采食，引起惊恐不安；幼虫移行时，由于分泌毒素，致使患畜消瘦、贫血，生长缓慢，产奶量下降；幼虫在牛背部皮下寄生时，皮肤隆起，后来穿孔，容易引起感染化脓，形成瘘管。在牛背部皮下摸到长圆形的硬结，逐渐增大变成"小肿瘤"，其中可挤出幼虫，即可确诊。

2.治疗措施

（1）2%敌百虫溶液涂擦牛背，每头牛的用药总量约300毫升。

（2）伊维菌素，每千克体重0.2毫克，皮下注射。

（3）皮蝇磷，每千克体重100毫克，口服；或每千克体重15～25毫克，肌内注射。

（4）用60°的酒精在有皮蝇蛆寄生部位的周围作点状注射，注射1次即可杀死蝇蛆。

3.预防措施

夏季在成蝇活动季节，经常用2%倍硫磷溶液、0.05%双甲脒溶液、0.005%倍溶液喷洒牛体。也可用当归1份，浸泡于2倍量的醋中，48小时后取浸液涂擦于牛背两侧预防，大牛用150毫升，小牛用80毫升，以浸湿被毛和皮肤为度。

十、牛新蛔虫病

牛新蛔虫病即牛蛔虫病，是由新蛔虫寄生于5月龄内的犊牛小肠而引起的疾病。犊牛呈现严重下痢和消瘦，重者可导致死亡。

牛新蛔虫是经胎盘感染。寄生于犊牛小肠中的成虫产卵，卵随粪便排出体外，在外界发育成感染性虫卵，被怀孕母牛食入，在孕牛体内移行，经胎盘而感染胎儿；或因初乳中存在幼虫，犊牛通过吃奶而感染。犊牛出生后仅7～10天即见有蛔虫寄生。

1.临床症状

病犊牛消化紊乱，食欲减退或废绝，腹泻，甚至排血便，有时腹痛，逐渐消瘦。死亡率较高。临床症状结合虫卵检查即可确诊。牛新蛔虫呈黄白色，体表光滑，表皮半透明，雄虫长15～25厘米，雌虫长22～30厘米。虫卵近于圆形、淡黄色，表面具有多孔结构的厚蛋白质外膜。内含单一卵细胞。大小（75～95）微米×（60～75）微米。

2.防治措施

（1）左旋咪唑，每千克体重7.5毫克，1次口服或肌内注射。

（2）丙硫苯咪唑，每千克体重7.5毫克，1次口服。

3.预防

在有该病流行的地方，应加强环境卫生管理，尽早对犊牛驱虫。

十一、疥癣病

疥癣病是由于疥癣螨虫的寄生引起的皮炎。寄生于牛体的疥癣病有3种类型，由于螨的生活方式不同，经常发生的部位也不一样。据有关资料记载，引起该病最多的是吸吮疥癣虫，其次是食皮疥癣虫。其中食皮疥癣虫曾在我国北方侵害过牛体。

1.临床症状

病牛出现粟粒大的丘疹，随后出现发痒症状。病牛不断在物体上蹭皮，皮肤不断变厚、变硬。如不及时治疗，长时间后遍及全身，病牛明显消瘦。

食皮疥癣虫是通过消化道感染的，主要侵害牛的尾根部、肛门、臀部及四肢，有时也发生在背部、胸部及鼻孔周围，是3种类型中最轻的一种。病牛表现剧烈瘙痒，大面积的脱毛，患处出现湿疹或皮炎。疥癣病有病愈后不再复发的特点。

2.治疗措施

治疗时首先清除污垢和痂皮，再用温来苏尔水或肥皂水、草木灰水等刷洗患部；必要时可用软化的木刀刮去痂皮，并尽量保持皮肤不出血，洗刷表皮干燥后，即可涂药治疗。每次涂药不能超过总面积的1/3。杀螨药一般不能杀死它的虫卵，可使用敌百虫每5~7天再进行一次杀虫，以杀死新生的虫卵。并注意清扫污染物集中烧毁。

3.预防措施

首先要改善饲养管理，保持牛舍通风干燥，坚持每天刷拭，保持牛体卫生，破坏虫体生长、繁殖条件。发现病牛隔离治疗。

第三节　肉鸡主要疫病防控技术

一、鸡病毒性传染病

（一）鸡新城疫

鸡新城疫又叫亚洲鸡瘟，俗称鸡瘟。主要特征为呼吸困难、拉稀、绿便、扭颈、腺胃乳头及肠黏膜出血等。

1.流行特点

各种年龄的鸡均可感染，2年以上的老鸡感受性较低，幼雏和中雏感受性最高。

该病可发生在任何季节，但春秋两季多发，夏季较少。

在没有免疫接种或接种失败的鸡群一旦感染该病，常在4～5天内波及全群，死亡率可达90%以上。

主要传染源是病鸡，经消化道和呼吸道感染。病鸡污染的饲料、饮水器具、污水飞扬的羽毛、废弃物、尘埃、昆虫等都是传播媒介。

人可引起急性结膜炎，类似流感症状。

2.临床症状

潜伏期一般为3～5天。

最急性型：发病急，病程短，除表现精神萎靡外，无特征病状而突然死亡。多见流行初期和雏鸡。

急性型：发病初期，体温升高到43～44℃，突然减食和不食，喜喝水。精神委顿，呆立一旁，眼全开或全闭，呈昏睡状态。鸡冠肉髯呈暗红色或暗紫色。产蛋鸡产蛋停止或产软壳单。偶见头部水肿，呼吸困难。呼吸时伸展头部，张嘴呼吸，并发出"咕咕"的喘鸣声或突然发出尖叫声。病鸡咳嗽，口腔和鼻腔内分泌物增多，口角常流出多量黏液，为排除黏液，病鸡时时摇头，做吞咽状。嗉囊胀满充气，有黏液，倒提时从口内流出大量酸臭液体。拉稀，粪便呈黄绿色或黄白色，病后期排出蛋清样排泄物。有的鸡还出现神经症状，翅和尾部下垂，腿半瘫。最后体温下降，不久在昏迷中死去。病程2～5天。雏鸡的病程比成鸡短，且症状不明显，死亡率高。

亚急性型和慢性型：发病初期基本与急性相同。病程稍长时出现神经症状。病鸡表现兴奋、头颈向后或向一侧扭转，动作失调就地转圈，一有惊扰刺激即反复出现神经症状。有的病鸡不爱运动，最后发生半瘫或全瘫。病期一般10～20天，有的可拖延30～60天。此型多发生于流行后期的成年鸡，死亡率较低。

3.防治措施

当前没有有效药物治疗，可定期接种疫苗进行预防。

鸡群一旦暴发了新城疫，可应用大剂量鸡新城疫Ⅰ系苗抢救病鸡。

对病鸡一律淘汰处理，死鸡焚毁，并严格封锁，经常消毒，至病鸡死亡后半月，再进行一次大消毒，而后解除封锁。

（二）鸡传染性喉气管炎

鸡传染性喉气管炎是由疱疹病毒引起的一种急性呼吸道传染病，以呼吸困难、咳嗽、喘气和咳出带血的渗出物为特征。

1.流行特点

各种年龄的鸡均可感染，但只有成年鸡和大龄青年鸡才表现出典型症状。

病毒由呼吸道、眼结膜、口腔侵入体内。饲料、饮水、用具、野鸟及人员衣物等能携带病毒，扩散传播。

2.临床症状

潜伏期为6～12天。呼吸困难，常伴有喘气声和咳嗽。病情严重的鸡伸颈呼吸，咳嗽摇头时咳出带血的黏液，眼睛湿润多液，鼻液分泌增多，喉部黏膜有淡黄色凝固物附着，鸡冠呈青紫色，排绿色稀便，产蛋下降。

3.防治措施

坚持严格的隔离消毒防疫措施。彻底淘汰所有病鸡，鸡舍在消毒后空圈6～8周才能重新使用。

在该病流行早期，对尚未感染的鸡群接种疫苗。在未发生过该病的地区，不宜进行疫苗接种。

泰乐菌素：每千克体重3～6毫克，肌内注射，连用2～3天；或在1 000毫升水中加4～6克，连饮3～5天。

氢化可的松与土霉素：各取0.5克，溶解在10毫升注射用水中，用口鼻腔喷雾器喷入鸡喉部，每次0.5～1毫升，每天早晚各一次，连用2～3天。

（三）鸡传染性支气管炎

该病是由传染性支气管炎病毒引起的一种急性、高度接触性呼吸道疾病。其特征为气管与支气管黏膜发炎，呼吸困难，咳嗽，张口打喷嚏。成鸡产蛋下降，产软壳蛋和畸形蛋。

1.流行特点

自然条件下只有鸡感染，各种年龄、品种的鸡均可发病，以雏鸡最为严重，成年鸡发病后产蛋率急剧下降，而且难以恢复。发病季节主要在秋季和早春。

对雏鸡来说，饲养管理不良，特别是鸡群拥挤、空气污浊、地面肮脏潮湿、湿度忽高忽低、饲料中维生素和矿物质不足等，容易诱发该病。

一般的隔离消毒措施不能阻止病毒侵入。

传染源主要是病鸡和康复后的带毒鸡。

2.临床症状

潜伏期为2～4天。病鸡突然出现呼吸症状，伸颈张口呼吸，并发出特殊叫声、打喷嚏、精神沉郁，病鸡虚弱，集在一起或在热源处取暖，食欲减少或不食，鼻窦肿胀，从鼻中流出黏液，眼多泪，逐渐消瘦。成年鸡产蛋下降50%，并产异常蛋。

3.预防措施

预防接种。

要严格隔离病鸡，鸡舍、用具及时进行消毒。注意调整鸡舍温度，避免拥挤和强风侵袭。

合理配合日粮，在日粮中适当增加维生素和矿物质，增强鸡的抗病能力。

4.治疗方法

无特效治疗方法，发病后用一些广谱抗生素可防止细菌合并症或继发感染。

用病毒灵1.5克、板蓝根冲剂30克，拌入1千克饲料内，任雏鸡自由采食。

用等量的青霉素、链霉素混合，每只雏鸡每次滴2 000～5 000单位于口腔中，连用3～4天。

（四）鸡传染性法氏囊炎

鸡传染性法氏囊炎，又称传染性法氏囊病或腔上囊炎，是由法氏囊炎病毒引起的一种急性、高度接触性传染病，其特征是排白色稀便，法氏囊肿大，浆膜下有胶冻样水肿液。

1.流行特点

主要感染鸡，一年四季均可发病，多发生于3～6周龄的雏鸡，是一种高度接触传染性疾病。发病后3～7天为死亡高峰，以后迅速下降。

饲料、饮水、粪便、用具、人、鸡舍垫草的小粉甲虫等，均能带毒，在疫情发生数周后传给易感鸡，通过鸡的消化道、呼吸道和卵传播。

该病发生后常继发球虫病和大肠杆菌病。

2.临床症状

潜伏期很短，一般2～3天。

该病发生突然，发病后下痢粪便呈白色水样。病鸡精神沉郁，食欲不振，羽毛松乱，出现震颤和步态不稳。

3.预防措施

疫苗接种。

该病流行时要经常对舍内地面及房舍周围进行严格消毒，并用含有效氯的消毒剂对饮水和饲料消毒。

在饲料中可添加0.75%禽菌灵粉进行预防。

4.治疗方法

全群注射康复鸡血清或高免卵黄抗体0.5～1毫升，效果显著。

禽菌灵粉拌料，每千克体重0.6克/天，连用3～5天。

发病后，取法氏囊炎弱毒苗的双倍剂量，选用庆大霉素或氨苄青霉素加维生素C针剂稀释，进行肌内注射或滴嘴疗法。同时添加葡萄糖和多维素。

（五）禽流感

禽流感又称真性鸡瘟或欧洲鸡瘟，是由A型禽流感病毒引起的一种急性、高度致病性传染病。特征为鸡群突然发病，表现精神萎靡，食欲消失，羽毛松乱，成年母鸡停止产蛋，并发现呼吸道、肠道和神经系统的病状，皮肤水肿呈青紫色，死亡率高，对鸡群危害严重。

1.流行特点

鸡与火鸡有高度的易感性，其次是珍珠鸡、野鸟和孔雀，鸽较少见，鸭和鹅不易感染。

主要传染源是病禽和病禽尸。被污染的禽舍、场地、用具、饲料、饮水等均可成为传染源。病鸡蛋内可带毒，当孵化出壳后即死亡。病鸡在潜伏期内即可排毒，一年四季均可发病。

2.临床症状

潜伏期为3～5天。

发病时体温升高至43.5～45℃。病鸡精神沉郁，食欲减退或不食，羽毛蓬乱。鼻腔流出清水样鼻液，后期鼻腔被黄色干酪物样渗出物堵塞。张口呼吸，单侧或双侧性的眼睑红肿。有的眼眶周围肿胀，成为金鱼眼，甚至失明。头部浮肿，肉垂和颈部肿胀，鸡冠肉垂发黑呈蓝紫色。

3.防治措施

鸡场一旦发病，应严格封锁，就地捕杀焚烧场内全部鸡群，对场地、鸡舍、设备、衣物等严格消毒。消毒药物可选用0.5%过氧乙酸、2%次氯酸钠、甲醛及火焰消毒。

（六）鸡减蛋综合征

鸡减蛋综合征是由腺病毒引起的使鸡群产蛋率下降的一种传染病。主要特征为产蛋率下降，蛋壳褪色，产软壳蛋或无壳蛋。

1.流行特点

产褐壳蛋的种鸡最易感，产白壳蛋的鸡易感性较低。产蛋高峰期30周龄前后发病率最高。

主要传染源是病鸡和带毒母鸡。

2.临床症状

发病前期可发现少数鸡拉稀，个别呈绿便，部分鸡精神不佳，闭目似睡，受惊吓后变得精神。有的鸡冠表现苍白，有的轻度发紫，采食、饮水略有减少，体温正常发病后鸡群产蛋率突然下降，产异形蛋、软壳蛋、无壳蛋的数量明显增加。

3.防治措施

严格执行全进全出制度，不从有该病的鸡场引进雏鸡和种蛋。

在该病流行地区可用疫苗进行预防，蛋鸡可在开产前2～3周肌内注射灭活的油乳剂疫苗0.5～1毫升。

二、细菌性传染病

（一）鸡白痢

鸡白痢是一种极常见的急性、败血性传染病，发病率和死亡率都很高。

1.流行特点

主要发生于鸡和火鸡，鸭、鹌鹑等也可感染该病。

病鸡和带菌鸡是主要传染源。被污染的饲料、饮水、器具也可传染该病，通过消化道可使健康鸡感染，苍蝇也是传播媒介。

2.临床症状

潜伏期为4～5天。

卵内感染者，在孵化中出现死胚，或病雏出壳后1～2天死亡；也有健康带菌者至7～10日龄才发病，14～20日龄达到死亡高峰。呈急性者无症状死亡，稍缓者张口呼吸不久死亡。一般病雏迟钝、紧靠热源处聚集成团、不食、两翅下垂、闭眼缩头、姿态异常，有些病雏拉粉白色或绿色的黏性大便，附在肛门周围。

成年鸡感染后一般不表现临床症状，成为隐性带菌者，母鸡产卵与受精率下降。

3.鉴别诊断

雏鸡急性白痢与鸡伤寒、副伤寒较难区别，在生产中，由于雏鸡白痢、伤寒、副伤寒的治疗药物基本相同，一般可按白痢治疗。

4.预防措施

定期进行白痢检疫，发现病鸡及时淘汰。种蛋孵化前要消毒，孵化器也要经常消毒。育雏舍要保持干燥清洁、密度适宜，避免室温过低。

雏鸡饲料或饮水中加入0.02%的土霉素粉，连喂7天，以后改用其他药物。

在雏鸡1～5日龄，每千克饮水中加庆大霉素8万单位，以后改用其他药物。

5.治疗方法

用庆大霉素混水，每千克饮水中加庆大霉素10万单位，连用3～5天。

用卡那霉素混水，每千克饮水中加卡那霉素150～200毫克，连用3～5天。

用强力霉素混料，每千克饲料中加强力霉素100～200毫克，连用3～5天。

（二）鸡传染性鼻炎

鸡传染性鼻炎又叫嗜血杆菌病，是由鸡嗜血杆菌引起的一种急性上呼吸道疾病。以结膜炎、眼鼻分泌物、眶下窦肿胀为特征。

1.流行特点

以4～12周龄的青年鸡发病率较高，多发生于秋冬季节。

鸡群拥挤，不同年龄的鸡混合饲养，通风不良是致病因素。传染方式可通过污染的饮水和饲料，但以直接接触与飞沫传染为主。康复鸡健康带菌者，是该病的主要贮存宿主。

2.临床症状

鸡突然发病，一般为鼻窦腔发炎，先流清液后转成脓性分泌物，眼睑与面部呈一侧性水肿或两侧性水肿，重症使眼球陷入四周肿胀的框内。公鸡肉髯水肿尤为明显，后期肿至颈部。该病蔓延至下呼吸道，呼吸困难、张口伸颈。病鸡精神不振，无食欲，闭目似睡，对外界反应迟钝，不愿走动。康复鸡具有一定抵抗力。

3.预防措施

加强鸡群饲养管理，增强体质。鸡群密度不能过大，加强鸡舍通风，多喂一些含维生素A的饲料。冬季不能只注意鸡舍保温，忽视通风换气。

加强消毒、隔离和检疫工作。淘汰病愈鸡，更新鸡群。

4.治疗方法

饲料中添加0.5%的磺胺噻唑或磺胺二甲基嘧啶，连喂5～7天。

用链霉素混水，6周龄以内的雏鸡每千克饮水中加70万单位，6周龄以上青年鸡每千克饮水中加100万单位。对重症鸡，每千克体重肌内注射链霉素8万～10万单位，每日2次，连续2～3日。

（三）支原体病

鸡慢性呼吸道病又称鸡呼吸道支原体病，是一种接触性、主要侵害呼吸道的传染病。主要表现为眶下窦水肿。

1.流行特点

主要发生于鸡和火鸡。各种年龄的鸡均易感，但以1～2月龄的幼鸡易感性高。

主要传染源是病鸡和带菌鸡。通过接触传染，空气中的尘埃，病鸡唾液、飞沫均可传染。

2.临床症状

潜伏期为10～21天。

幼龄病鸡表现食欲减退，精神减退，羽毛松乱，体重减轻，鼻孔流出浆液性、黏液性直至脓性鼻液。排出鼻液时常表现摇头、打喷嚏等。

产蛋鸡感染时一般呼吸症状不明显，但产蛋量和孵化率下降。

3.预防措施

建立无病种鸡群，加强对种蛋的消毒。

对感染过该病的种鸡，每半月至1月用链霉素饮水一天，每只鸡30万～40万单位，减少种蛋中的病原体。

雏鸡出壳时，每只用2 000单位链霉素滴鼻，或结合预防白痢，在1～5日龄用庆大霉素饮水，每千克饮水加8万单位。

对生产鸡群，甚至被污染的鸡群可普遍接种鸡败血支原体油乳剂灭活苗。7～15日龄的雏鸡每只颈背部皮下注射0.2毫升；成年鸡颈背部皮下注射0.5毫升。无不良反应，平均预防效果在80%左右。注射菌苗后15日开始产生免疫力，免疫期约5个月。

4.治疗方法

土霉素或四环素0.5%～0.10%的比例拌料。

红霉素5 000～8 000单位/只，饮水。

每千克饲料中加100～200毫克强力霉素，连用5天。

每千克饮水中加2克复方泰乐菌素，连用5天。

三、鸡寄生虫病

（一）鸡球虫病

鸡球虫病是一种或多种球虫寄生于鸡肠道引起的疾病，对雏鸡危害极大，死亡率高，是养鸡一大危害。

1.流行特点

主要感染30～50日龄的雏鸡，有明显的季节性，多发于高温潮湿季节。鸡舍阴暗、潮湿、群体拥挤、卫生条件差都是发病的诱因。

感染途径主要是消化道，凡是被病鸡和带虫鸡粪便污染的地面、垫草、房舍、饲料、饮水和一切用具，人的手脚以及鞋，带球虫卵囊的野鸟、甲虫、苍蝇、蚊子等均可成为鸡虫病的传播者。采取网上或笼内饲养，鸡接触卵囊较少，感染较轻。

2.临床症状

病鸡精神不振，食欲减退，羽毛蓬乱。可视黏膜和冠、肉髯苍白，病鸡消瘦贫血，后期出现瘫痪、痉挛等症而死亡。取鸡粪便一小块用生理盐水稀释后，滴在载玻片上放入显微镜下观察，或将鸡肠内容物或直接刮取肠黏膜作涂片镜检，可发现圆形物或边上有一层亮环的瓜子样物——球虫卵囊。

3.预防措施

雏鸡最好在网上饲养，使其与粪便少接触。地面平养的，要每天打扫鸡粪，并保持舍内和运动场地干燥，抑制球虫卵囊的发育。

鸡粪堆放要远离鸡舍，采取聚乙烯薄膜覆盖鸡粪，这样可利用堆肥发酵产生的热和氨气，杀死鸡粪中的卵囊。

从10日龄之前开始，到8～10周龄，连续给予预防药物，可选用盐霉素、莫能菌素、球虫净等，然后停药，让鸡在经过2个多月的中轻度自然感染，获得免疫力，进入产蛋期。

雏鸡在3～4周龄之内，选用土霉素等药物预防白痢病，同时也预防了球虫病。

用溴氯常山酮（海乐富精，速丹为每千克固形物质中含6克海乐富精的商品名）预防，预防剂量为每吨饲料中加入0.5千克速丹。

4.治疗措施

氯苯胍：雏鸡用6倍以上治疗量连续饲喂8周，鸡屠宰前5～7天停药。

球虫净（尼卡巴嗪）：混入饲料中连续饲喂。产蛋鸡群禁用，肉鸡宰前4～17天停止给药。

鸡宝20（德国产）：每50千克饮水加本品30克，连用5～7天，然后改为每100千克饮水加进本品30克，连用1～2周。

克球多（又名氯吡多、氯吡醇、氯甲吡啶酚、氯氢吡啶、可爱丹、康乐安、球定等）：预防可按0.0125%、治疗可按0.025%浓度混入饲料中给药。应用0.025%浓度拌料时，应在鸡屠宰前5天停药；应用0.0125%浓度混料时则无须停药。

磺胺类药：磺胺二甲氧嘧啶按0.05%浓度混水或按0.2%浓度搅拌，连用6天；磺胺间甲氧嘧啶按0.1%～0.2%浓度混水或拌料，连用3天；磺胺氯吡嗪按0.03%浓度混水，连用3天。磺胺类药物应在鸡宰前有2天以上休药期。

盐霉素（优速精，为每千克赋形物质中含100克盐霉素的商品名）：从10日龄之前开始，每吨饲料加60～100克（优速精为600～1 000克），连续用至8～10周龄，然后减半用量，再用2周。

土霉素：治疗量为按0.2%浓度混料，连用5～7天；预防量按0.1%浓度混料，连用10～15天。用药期间饲料中要有充足钙，以免影响药效。

青霉素：鸡群发生球虫病后，立即用青霉素按每只鸡1万～2万单位饮水，每天2次，连用3天。每次饮水量不要过多，以1～2小时内饮完为宜。

（二）鸡蛔虫病

鸡蛔虫病是鸡较常见的一种寄生虫病，2～4个月的雏鸡易遭侵害，病情也较重，一年以上的鸡为带虫者。

1.临床症状

雏鸡常表现生长发育不良，精神萎靡，羽毛松乱，行动迟缓，常发呆站立不动，食欲减退，下痢和便秘交替出现，有时粪便混有带血的黏液。

2.病理剖检

肠黏膜肿胀、发炎和出血；局部组织增生，蛔虫大量突出部位可用手摸到明显硬固的内容物堵塞肠管，剪开肠壁可见有多量蛔虫拧集在一起呈绳状。

3.预防措施

实行全进全出制，鸡舍及运动场地面认真清理消毒，并定期铲除表土。

改善卫生环境，粪便应进行堆积发酵。采用笼养或网上饲养，使鸡与粪便隔离，减少感染机会。

料槽及水槽定期消毒。

4月龄以内的幼鸡应与成年鸡分群饲养，防止带虫的成年鸡使幼鸡感染发病。

若场地污染，鸡群应定期进行驱虫，一般每年2次。雏鸡第一次驱虫在2～5月龄，第二次驱虫在秋末；成年鸡第一次驱虫可在10～11月份，第二次驱虫在春季产卵季节前的一个月。

4.治疗方法

驱蛔素每千克体重0.25克，混料一次内服。

驱虫净每千克体重40～60毫克，混料一次内服。

左旋咪唑按每千克体重10～20毫克溶于水中内服。

丙硫苯咪唑每千克体重10毫克，混料一次内服。

（三）鸡组织滴虫病

鸡组织滴虫病又称性盲肠肝炎或黑头病。

1.流行特点

鸡在2周龄至3月龄发病率较高，以后渐低。

该病多发在春末至初秋的暖热季节。卫生良好的鸡场很少发生该病。

成年鸡感染一般症状不明显，但粪便含虫，成为传染源。

2.临床症状

潜伏期为8～21天。

病初症状不明显，逐渐精神不振，行动呆滞，羽毛松乱，翅下垂，蜷体缩颈，食欲减退，排淡黄、淡绿色稀便，继而粪便带血。严重时排出大量鲜血，有的粪便中可发现盲肠坏死组织的碎片。

3.防治措施

保持鸡舍及运动场地面清洁卫生或采用网上平养或笼养。

发现病应立即隔离治疗，重病鸡宰杀淘汰，鸡舍地面用3%苛性钠溶液消毒。

甲硝基羟乙唑（灭滴灵）按0.05%的浓度混水，连用7天停药3天后再用7天。

二甲硝基咪唑（达美素）每天每千克体重40～50毫克，如为片剂、胶囊可直接投喂，如为粉剂可混料，连喂3～5天，之后剂量改为25～30毫克，连喂2周。

痢特灵按0.04%浓度混料，连喂5～7天，停药2～3天后再喂5～7天。

（四）鸡绦虫病

绦虫是危害较大而且比较常见的肠道寄生虫。其主要危害是夺取营养、产生毒素、损伤肠壁与堵塞肠道。雏鸡与成年鸡均可感染。

1.临床症状

绦虫对鸡的危害除夺取养分、损伤肠壁外，其代谢产物还会使鸡体中毒，且大量寄生时能堵塞肠道。由于寄生的虫种及数量不同，病鸡症状轻重不等。感染较重时，病鸡生长受阻或产蛋减少，精神沉郁，羽毛蓬松，缩颈垂翅，常蹲伏于一隅，采食少而饮水多，粪便稀薄，有时带血，可视黏膜苍白或黄染。有些绦虫的代谢产物使鸡中毒后会引起鸡腿脚麻痹，表现为进行性瘫痪以及头颈扭曲等症状。还有些绦虫（棘沟赖利绦虫等）会使病鸡最后突发癫痫、痉挛而死亡。总的来说，鸡绦虫病是一种比较严重的疾病，如长期得不到治疗，会有相当一部分病鸡最后瘦弱、衰竭而死亡。该病可通过观察鸡粪或解剖病鸡进行诊断。赖利绦虫的孕卵节片状似米粒，在鸡粪表面较多，能缓慢蠕动，发现即可诊断。戴文绦虫的孕卵节片十分微小，数量也少，肉眼不易看到。

2.防治措施

氯硝柳胺（灭绦灵）每千克体重用50～65毫克，按此算出全群鸡的药量，早晨均匀拌于当天1/3的饲料中喂服，一般只需一次，肠内虫多的也可间隔1周再喂一次。

吡喹酮每千克体重用10～20毫克，将全群鸡的药量在早晨拌于当天1/3的饲料中喂服，一次即可，必要时间隔1周再喂一次。

丙硫苯咪唑（丙硫哚唑，蠕虫清，抗蠕敏）本品可兼治蛔虫病与异刺线虫病。每千克体重15～20毫克，全群鸡的药量拌于当天1/3的饲料中，早晨喂服，一般只需一次，也可间隔1周再喂一次。

该病的预防措施：一是鸡群最好采取笼养；二是搞好鸡舍的清洁卫生，尽可能杜绝中间宿主；三是鸡粪及时堆积发酵，可杀灭虫卵。

参考文献

蔡金喜.2019.畜牧养殖疫病多发原因及有效控制[J].甘肃畜牧兽医，49（7）:68–71.

曹立文.2019.畜牧养殖过程中环境保护措施[J].中国畜禽种业，15（8）:36–37.

车福仑.2019.生态养殖技术在畜牧业中的应用[J].农民致富之友（7）:61.

陈兵.2019.浅议畜牧养殖中防疫工作重要性及其措施[J].山西农经（12）:127.

陈华丽.2019.浅析绿色畜牧养殖技术的推广[J].中国畜禽种业，15（6）:30–31.

陈会刚.2018.畜牧业生产污染与畜牧业可持续发展研究[J].农民致富之友（24）:95.

陈敬华.2019.畜牧养殖专业合作社的作用及发展措施分析[J].农家参谋（1）:108.

程吉安.2019.畜牧养殖的动物疾病病因与防控策略[J].畜禽业，30（7）:115.

丁秀琴，童成栋.2019.生态畜牧业肉羊养殖技术[J].农民致富之友（9）:56.

董树梅.2019.畜牧养殖对生态环境的影响与应对措施[J].今日畜牧兽医，35（8）:48.

高真真.2019.畜牧养殖动物疾病病因分析与防控措施[J].河南农业（28）:54.

桂蕴.2019.试论畜牧养殖技术推广应用在农村的作用[J].中国畜禽种业，15（6）:21.

韩永琴.2019.浅析规模化养殖场的畜禽疫病防控技术[J].现代畜牧科技（4）:149–150.

季柯辛.2017.中国生猪良种繁育体系组织模式研究[D].北京:中国农业大学.

贾春梅.2019.基层畜牧养殖管理现状与对策[J].农民致富之友（3）:133.

李昌盛.2019.浅析畜牧业的发展现状与未来展望[J].中国畜禽种业，15（4）:35.

李春生.2019.绿色畜牧业养殖技术的有效推广[J].畜牧兽医科技信息（07）:44.

李国民.2019.畜牧养殖的环境污染现状与治理途径[J].畜禽业，30（9）:49–50.

李华志.2019.畜牧养殖的环保问题及应对措施[J].畜禽业，30（6）:52–53.

李景致.2019.畜牧养殖中动物疾病病因及防控对策[J].中国畜禽种业，15（9）:21.

李素霞.2017.畜禽养殖及粪污资源化利用技术[M].石家庄:河北科学技术出版社.

李兴娟.2019.养殖基地在畜牧技术推广中的引导作用[J].中国畜禽种业，15（8）:44.

李英.2013.畜禽养殖实用技术[M].石家庄:河北科学技术出版社.

李永彬.2019.如何提高畜牧养殖技术推广效果[J].中国畜牧业（13）:91.

刘强.2019.探析畜牧养殖的动物疾病病因与防控措施[J].中国动物保健,21（7）:23-24.

刘文杰.2017.畜禽疫病防治工作现状及革新方式[J].南方农业,11（32）:70-71.

罗光萍.2019.绿色畜牧养殖技术的有效推广[J].农家参谋（18）:139.

马超龙.2019.畜牧养殖动物疾病病因与控防措施探讨[J].中国畜禽种业,15（8）:43.

马晓云.2019.如何利用当地牧草资源发展畜牧养殖业[J].中国畜禽种业,15（9）:55.

苗玉涛.2014.畜禽养殖实用简约化主推技术[M].石家庄:河北科学技术出版社.

潘树峰.2019.发展低碳畜牧业的必要性及应对措施研究[J].新农业（5）:64-65.

潘树峰.2019.技术提升对畜牧业发展的促进作用探析[J].新农业（8）:34.

冉勇兵.2019.畜牧养殖环节食品安全隐患的应对措施[J].今日畜牧兽医,35（8）:4.

石仁德,张婷婷等.2019.浅谈畜牧业污染问题及对策[J].科技视界（15）:213-214.

孙晶晶.2019.畜牧兽医工作中动物检疫现状概述[J].吉林畜牧兽医,40（9）:68-69.

孙莉,夏风竹.2014.现代养殖实用技术[M].石家庄:河北科学技术出版社.

王立民.2018.畜牧业可持续发展措施[J].畜禽业,29（8）:82.

王烈煜.2019.基层畜牧养殖管理存在问题与解决方法[J].中国畜禽种业,15（7）:7.

王钦正.2019.草原畜牧业绿色发展模式探索[J].南方农业,13（21）:123-124.

王少华.2017.畜禽养殖技术研究[J].乡村科技（27）:72-73.

王振波.2016.畜牧兽医实用技术推广模式探索与思考[J].现代畜牧科技（10）:20.

武深树.2014.畜禽粪便污染防治技术[M].长沙:湖南科学技术出版社.

薛万朝,达富兰.2019.如何更好推广绿色畜牧养殖技术[J].新农业（7）:85-87.

杨登勤.2019.基层畜牧养殖中动物疾病的防控措施研究[J].湖北农机化（12）:55.

杨楠楠.2019.浅析畜牧养殖中怎样做到环保生产[J].兽医导刊（17）:66.

杨显权.2019.畜牧养殖的动物疾病病因及控防对策[J].吉林畜牧兽医,40（7）:63-65.

余富江.2019.畜牧养殖专业户的风险及风险管理[J].低碳世界,9（6）:306-307.

余锡春.2019.刍议基层畜牧业发展以及构建策略[J].吉林农业（17）:74.

翟璐平.2019.畜牧业饲料养殖的特点及存在问题分析[J].农民致富之友（2）:43.

张军.2019.畜禽养殖与疫病防控[M].北京:中国农业大学出版社.

赵红勋.2019.畜牧养殖中的环境保护问题分析[J].农家参谋（15）:91.

甄春轶.2019.论畜牧养殖中的环境保护问题[J].兽医导刊（17）:51.

朱爱琴.2019.畜牧养殖技术在精准扶贫工作中的作用[J].畜牧兽医科技信息（8）:59.